オランダ
水に囲まれた暮らし

ヤコブ・フォッセスタイン 著
谷下雅義 編訳

中央大学学術図書
93

中央大学出版部

The Dutch and their Delta
Living below sea level (2nd edition)
by Jacob Vossestein

©Copyright XPat Scriptum Publishers/Javob Vossestein
All rights are reserved.

Japanese translation rights arranged with
XPat/Scriptum Publishers, Schiedam, the Netherlands
through Tuttle-Mori Agency, Inc., Tokyo

 The Dutch and their Delta の YouTube 動画（英語）

序

　私は長年地理学を学んできたが，ほとんどのオランダ人と同じように，自国の特異な状況をあたり前だと思ってきた．しかし，この本の執筆，またそのための写真撮影旅行は，ふるさとオランダの特別な「水環境」を再発見させてくれた．オランダのユニークな景観についての私の思いが他国の読者に伝わり，オランダに住みたい，訪れてみたい，あるいは興味を持ってもらえることを期待している．

　この本は完璧ではないし，またそれをめざしているわけでもない．オランダの水技術はきわめて複雑であり，水に関連する技術者や機械・道具を使っている人はさらに多くの事柄について語ることができるであろう．また本書で紹介している内容以外にも，美しい景観，特別な水に関連した技術，博物館など数多くの水に関する物語がある．読者自身が，旅行者にまだあまり知られていない魅力的な場所を見つけてくれることを期待するとともに，すべてを紹介できないことをお詫びする．

　この本が読者にオランダの各地を訪問する機会を提供し，海面下にありながら安全，快適に暮らしてきたオランダの魅力の発見や感動につながることを願っている．

　最後にこの本の刊行にあたり，お世話になった方々に謝意を表する．出版社の Bert van Essen と Gerjan de Waard はこの本のアイデアを即座に受け入れてくれた．編集者で友人の Shirley Agudo は英語をチェックしてくれた．友人の Charles Rubenacker は海外の読者の視点からコメントしてくれた．水に強い関心をもつウェブライターの Theo Bakker はいくつかの歴史的事実について教えてくれた．Renzo Talamini と Elly Kersteman は写真についてさまざまなアドバイスやインスピレーションを与えてくれた．ありがとう．

日本語版によせて
- 日本文化は視覚的に素晴らしい．この本の多くの写真や図版が日本の読者の興味をひくことを願っている．
- 日本とオランダは 400 年以上の歴史的つながりがある．
- オランダで暮らす日本人は 2009 年で約 7500 人．ティルブルグとアムステルフェーンに比較的大きな日本人コミュニティがある．
- 2014 年，約 14 万 7000 人の日本人がオランダを訪問した．毎年約 3000 人がオランダの大学で学んでいる．国際会議で訪問する人もいる．

Jacob Vossestein
www.jacobvossestein.nl

図1 オランダの地図と章番号との関係

目　次

序 ……………………………………………………………………………… 003

1章　外国人からみたオランダ ……………………………………………… 007

2章　オランダのシンボル　水に囲まれた暮らしの全体像 ……………… 023

3章　オランダデルタの起源 ………………………………………………… 057

4章　海がつくり出したホラント …………………………………………… 077

5章　"遠い"北部 …………………………………………………………… 101

6章　海面下の半島　北ホラント …………………………………………… 119

7章　ゾイデル海からアイセル湖へ ………………………………………… 145

8章　ホラントの中心部 ……………………………………………………… 173

9章　オランダの河川 ………………………………………………………… 197

10章　南西部の島々 …………………………………………………………… 211

11章　未　来 …………………………………………………………………… 235

付　録　水がオランダ人の心情，芸術，言葉に及ぼす影響 ……………… 245
索　引 ………………………………………………………………………… 249

訳者解説 1　オランダの公園デザインと水　風景式庭園から
　　　　　　インフラへ ………………………………………………… 253
訳者解説 2　オランダの水管理　3つのキーワーズ ……………………… 256
訳者解説 3　日本の沿岸部の堤防の役割 …………………………………… 259
文献案内　さらに学びたい方へ ……………………………………………… 263
あとがき ……………………………………………………………………… 266

1章
外国人からみたオランダ

1章では，外国人からしばしば聞かれる典型的な質問とその回答について述べる．あわせて広く誤解されているオランダの海面より低い土地での暮らしについて説明する．これらの質問は，オランダ人でも答えることができないかもしれない．なぜなら，それらはオランダ人にとって「当たり前」のことであり，ここ数十年のオランダの地理教育でも優先順位が低い事柄であるためである．

海抜マイナス3メートルのところにいると知ったら，あなたは恐怖を感じるだろうか．気づかないかもしれないが，アムステルダム・スキポール空港に着陸するとき，その飛行機のタイヤそして到着ロビーは海面下にある．空港の滑走路は，海抜マイナス4～5メートル，1860年代まで湖だった場所である．スキポールという名前も「船の穴」からきており，かつての湖の底に船が沈んでいたことからつけられている．後の章で，湖の水を排水して農地をつくり，その後，現在の空港になったことについて紹介する．

最も低い空港

アムステルダム・スキポール空港は，世界一標高が低い空港である．空港から鉄道に乗り換えることができるが，そのホームは空港で最も低い場所であり，海抜マイナス10メートルとなっている[写真1]．

昼間，飛行機で空港に到着すると，オランダは水に囲まれた国であることがわかる．たくさんの車が走る高速道路やスプロール開発（無秩序，無計画に拡散する都市開発）に加えて，直線で分割された格子状の農地の風景が目に飛び込んでくる．ヨットが浮かぶたくさんの長方形の湖や蛇行した中小河川も見えるであろう．ホラント（Holland）[1]と呼ばれるオランダは，小さな四角形の土地の集合体ではなく，水を制御して秩序がつくられている国である．水を制御しないと，リビングルームは海面下になり，蛇口の水は飲めず，道路も危険きわまりない状況にな

---

1) オランダの英語での正式な名称は，The Netherlandsであり，簡単に短く言うとき，Hollandと呼ばれる．オランダ国内でHollandという名称は，経済的および政治的に重要であり，多くの人口をかかえる西側の2つの州に対して使われる[図2]．しかしサッカーの熱狂的ファンは，国際大会でしばしばオランダ全土のことをHollandと呼ぶ．

写真1　海面下に位置するスキポール空港

図2　ホラントとオランダ

写真2　パッチワーク景観

る．
　空港から車や電車に乗ってしばらくすると，パッチワークのように直線で区切られた長方形の農地が広がる風景となる．その土地はパンケーキのように平らであり，空から見えた直線は，排水溝（ditch）であることがわかる．そこには緑あるいは茶色の水が溜まっており，鳥やアヒルが泳いでいる［写真2］．

印象的？
　たくさんの外国人は，オランダの風景を「つまらない」と評価する．人口密度の高い西部地域を高速道路から見ると，確かにそれほど感動しない．しかし，それはオランダの一面でしかない．真のオランダの風景を知るには異なる見方が必要である．細部をよりシャープに見ること，微妙な高さの違いの意味をよく考えることが求められる．そうしないと，人間が水と陸を区分してきたことを簡単に見落としてしまう．より素晴らしい，あるいはより本物の風景は高速道路から離れた場所にある．その風景に出会うために多大な時間や努力は不要である．多くの外国人が生活し働いている人口密度の高い都市部においても歴史的な景観はきちんと保全されている．この本が，あなたの心のレンズをシャープにし，高速道路を走り抜けるだけでは決して見えない自然と，人間が作り出したオランダの芸術的な風景を伝えることができれば幸いである．

写真3　自転車

　北ホラント州と南ホラント州は，アムステルダム，ハーグ，ロッテルダムなどの人口50万を超える大きな都市，ハールレム，ライデン，デルフトといった人口20万人未満の小さな都市，そしてそれらの周りにある町からなる．こうした場所を訪れると，一般的な西洋の生活スタイルだけでなく，オランダ独自のライフスタイルがあることに気づくであろう．例えば，オランダ人は，コーヒーや牛乳が大好きであり，朝食だけでなく昼食でもよく飲む．同様にチーズもたくさん食べる．さすがに木靴ははいていないが，自転車が大好きである．その際，ヘルメットは通常，着用しない．そして伝統的な風車は減少したが，チューリップやその他多種多様な花に出会うことができる．

　想像通りかもしれないが，こうしたオランダ人のライフスタイルは，「水に囲まれていること」とつながっている．牛乳やチーズは，牧草地で育てられる牛からつくられるが，その牧草地は湿っており，草以外はほとんど育たない．一方，自転車は，平らな土地をより早く移動する交通手段として理にかなっている［写真3］．木靴は，現代の生活ではほとんど必要としないが，農家の人たちが，ぬかるんだ，またしばしば冷たい土地で作業する際，足が濡れないようにするために考え出した知恵の産物である．風車は，低い土地をある程度乾いた状態に保つために水を排出する，昔の装置である．

　オランダ語で *Nederland*，英語で The Netherlands は，「低い土地」という意味である．ちなみに，オランダ語の *nederig* は「謙虚な」という意味である．*neder* と *nederig* という2つの

写真4　アルクマールに近いショーロルにある砂丘

単語は，それぞれ英語の nether，beneath に相当し，「～の下」という意味である．実際にオランダの土地は低い．今日オランダとベルギーとなっている場所は「The Low Lands（ザ・低い土地）」として古くから呼ばれてきた．Holland という単語は，古いオランダ語の *holt*（現在のオランダ語で *hout*，ドイツ語で Holz）からきており，これは木あるいは林地という意味である．似た言葉の *hol* は中空あるいは凹面を表すが，こちらのほうが，国が海面下にあることをイメージしやすいかもしれない．

　オランダの国土の主要な部分は確かに低いが，高い場所もある．最も高い場所は，リンブルフ州にあり，標高322メートルであり，海岸線から200キロほど離れている．低い西部の州で最も標高が高いところは，アルクマール（Alkmaar）の砂丘であり，標高54メートルである[2]．この砂丘周辺は保全されており，子どもたちは砂丘を駆け降りる「砂丘下り」で重力を体感することができる．大人はすぐ近くのカフェでその様子を見ることができる［写真4］．

　国全体の話に戻ろう．オランダの国土は，ざっくり言って，3分の1が海面下，3分の1はほぼ海抜ゼロメートル（海抜は NAP［アムステルダム標準水位／オランダ標高基準点］から定義される），そして残りの3分の1が海面より高い．低地での水に囲まれた暮らしに関して，長年さ

---

[2]　砂地であり，また風が強いことから，この高さは地図やその他の資料により異なり，時間とともに変化する．こうした不確実性は，後で示す国の最低点についてもあてはまる．

まざまな国の人から私が受けた質問を紹介しよう．「オランダ人は何も言いませんが，彼らは本当に海面下の生活を心配していないのですか？… どうやって海面下の国土が存在することができるのですか？… 私が住んでいる通りが海面下なのか，海抜何メートルなのかを知ることができますか？… どうしてオランダ人は安全な場所に移住しようとしないのですか？… 気候変動の影響はどう考えているのですか？… 風車は何のためにあるのですか？… 運河や河川の水が茶色や濃い緑色なのに飲料水は安全なのですか？… 地図を見ると，北にある島々をつなげてその背後地を陸地にすればよいと思うのですが？… 橋や水門の近くにある青い「目盛」は何ですか？… 水門は何のためにあるのですか？… 車が運河に落ちることはありますか？そしてもし落ちたらどうなりますか？」

　オランダの水に関する魅力的な地理や歴史について述べる前に，これらの質問に対して簡単に回答する．詳細については次章以降で紹介する．

質問：オランダ人は本当に海面下の生活を心配していないのですか？
回答：心配していない．オランダ人は水と戦い，制御してきた長い経験がある．高度の専門知識が蓄積され，水委員会をつくり，実際ここ数十年浸水していない．もちろん，そのリスクはあった．たとえば，1995年1月，上流にあるドイツでの豪雨により大量の水がライン川に流れ込んだ．最終的に避難は不要であったが，このことがきっかけとなり，河川堤防の強化事業が行われることになった．その一方で，河道拡幅や堤防強化によって昔の景観や近隣の歴史的な住宅が消失することを残念に思う人々もいる．

質問：どうやって海面下の国土が存在することができるのですか？
回答：当然，そのままでは存在できない．しかし，オランダ人は自分たちで海面下の土地をつくった．もちろん，意図的に行ったわけではない．以下，簡潔にこの経緯を紹介するが，詳細については後述する．

　約2000年前，国土は海面下ではなく，世界中の多くの湿地の河口部と同様，わずかに海面より高かった．草が茂った湿地は牛の放牧に，わずかに高い肥沃な粘土の土地は農業に適していた．洪水も頻繁に発生し，先人たちはこの水をなんとかしなければいけないと感じていた．それまで人工的な丘をつくり住宅を建てて暮らしていたが，より広い土地を守るために，これらをつないで堤防を築いた．満潮時，低地に水が入らないようにし，干潮時に余分な雨水を吐き出すという一方向にだけ流れる「水のドア（原始的な水門）」がつくられた．しかし，多くの場所は農業や建物を建てるのに適さない湿ったスポンジ状の植物のマットレスのようであった．1200年ごろ，人口増加により農地の必要性が増し，人々は泥炭（peat）を掘り，排水をはじめた．「植物のスポンジ」は徐々に消えて地盤の沈下が始まり，水問題の緊急性は一層高まった．15世紀，低地を開発するための技術として，1メートル程度の水をくみ出すことができる風車が開発された．これにより土地の乾燥化が進んだ．よいことであったが，それがさら

写真5　今も残る古い風車

に地盤の沈下を促進し，水の排出をより困難にした．そこで生まれたのが，風車を一列に配置し，水を約3メートルの高さまで排出するシステムである．このポンプ技術の改良により，17世紀には，湿地のみならず湖の水も排出された．しかしパラドックスは残った．ポンプ排出技術が進むほど，地盤が一層沈下したのだ．このことを表現したオランダのことわざがある．*nattigheid voelen*（湿度を感じる）．これは「トラブル発生」という意味である．私たちは物事を広く長期的に多様な視点からみていく必要がある．土地の乾燥を保つと地盤が沈下するこの過程は今日も続いている．以上が質問への回答である．

質問：風車は何のためにあるのですか？［写真5］
回答．「ポルダー干拓地」という言葉を聞いたことがあるだろうか．これは，水を排出し（また乾燥する時期には水を入れて）水位が人為的に制御されている干拓地のことをいう．ほとんど平らで草地の西部の州は，ほぼポルダー干拓地である．水位を制御するための装置が風車である．風の力で水をくみ出す．今日それらは，それほどロマンチックではない電動ポンプに置き換わったが，かつては約1万基，今でも約1000基の風車が，低地のホラントを乾燥した状態にしてくれている．オランダ人はこのことを簡潔に *Pompen of verzuipen*（水を排出しないと溺れるぞ）と表現する．このポルダー干拓地や風車については次章以降で詳細に述べる．

1章　外国人からみたオランダ

質問：堤防は金属やコンクリートで作られているのですか？［写真6］
回答：いいえ．堤防はそのほとんどが土堤である．堤防をつくりはじめた当時，使える建設材料は，粘土，砂，泥炭そして木ぐらいしかなかった．牛皮がその基礎に使われているところもある．これらの材料が何世紀もの間使われてきた．その後，岩，特に玄武岩が輸入されるようになり，海岸や大河川のより重要な堤防に使われるようになった．現代になって，コンクリートやアスファルトなどが使われるようになり，海に面した大規模ダムがつくられたが，依然として堤防の大半は土である．

質問：もし堤防が壊れるとどうなりますか？
回答：洪水が発生する．しかし，現在堤防は，百数十年から1万年に一度の高潮あるいは河川流量に対しても水害が出ないようにつくられている．オランダは堤防によって区分された多くのポルダー干拓地からつくられている．そのため，ある堤防が壊れるというのは，その堤防が守っているポルダー干拓地が浸水することを意味する．大変なことだが，国土全体が壊滅的な被害を受けることはほとんどない．よって，その堤防が，大きいか小さいか，海の近くか内陸か，高さはどれくらいか，そしてポルダー干拓地の人口によって，被害は大きく異なる．幸いなことに，堤防が破堤することを考える必要はほとんどない．しかし，複数の堤防が同時に破堤し，国土の約半分が浸水するという壊滅的な被害も発生しうる．大西洋での大津波は水位＋2メートルと推定されており，ホラントの南西から北東，ベルフェ・オプ・ゾム（Bergen op Zoom）からフローニンゲン（Groningen）まで到達するとされている．これと極端な高潮が重なる可能性はゼロではない．

質問：私が住んでいる通りが海面下なのか，海抜何メートルなのかを知ることができますか？
回答：いい質問である．自治体は警告し続け，またウィレム・アレクサンダー国王も公式に水管理委員会のメンバーになっているが，ほとんどのオランダ人は自分がどれくらいの海抜の場所で暮らしているのかを知らない．もしかすると，政府で働く「水技術者」さえも詳しくないかもしれない．ahn.nl/postcodetool [3)] のウェブサイトに郵便番号を入力するだけで，今いる家やホテルがどれくらい低いか（いや，どれくらい高いか）を知ることができる．オランダ語がたくさん表示されるが，メートル表示された数字は理解できるはずだ．けれども，あなたは本当に知りたいだろうか？

　オランダで最も標高が低い地域は，ロッテルダムとハウダの間である．カペレ（Capelle），ニューウェケルク（Nieuwerkerk）やクリンペン（Krimpen）といった町は海抜マイナス5メートルほどである．国で最も低い地点は，ニューウェケルク・アン・デ・アイセル

[3)] この本でのウェブサイトの紹介では，基本的に http://www を省略する．なお，あとがき（p.267）にあるQRコードから本書で紹介されているURLに直接アクセスできる．

写真6 河川堤防沿いにある古い住宅

写真7　ヒルフェルスム近くの丘

(Nieuwerkerk aan de IJssel) 町の近くのザウドプラスポルター (Zuidplaspolder) と呼ばれる場所であり，海抜マイナス6.76メートルである．その場所にはアクセスできないが，運送会社のすぐそばの入り口付近に，このことを表す記念碑が設置されている．軟らかい土地であるため，時がたつと最も低い地点も移動する可能性がある（すでに記念碑の数字も不正確になっており，マイナス6.74メートルとなっている．もちろん地球上にはさらに低い場所がたくさんあるが，ここは人間が人工的につくったということがポイントである）．

　その他の地域は，ここより幾分高い．例えば，アムステルダムは，海抜マイナス2メートル程度であり，周辺の新しく開発された郊外部はもう少し低い．ハーグ地域は，マイナスではなくプラスである場所も多いが，東半分また郊外のズーテルメール (Zoetermeer) はマイナスである．ヒルフェルスム (Hilversum) 周辺の林地に住むと，砂地であり標高が高いことがわかる [写真7]．

　インターネット上の地図で，これらの地名を入力して標高を見てみるとよい [図3]．ただ正確な場所を知るには，さらに別の詳細地図が必要になるかもしれない．

質問：どうしてオランダ人は安全な場所に移住しようとしないのですか？
回答：まず，さまざまな言葉と文化を有する人が暮らすヨーロッパ大陸で，簡単に祖先が暮らしてきた土地を離れることはできない．より重要なのは以下の点である．一般的に，オランダ

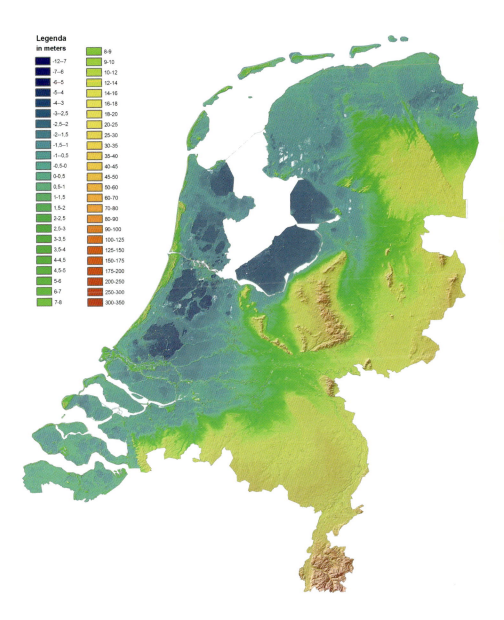

図3 標高マップ

写真8　アムステルダム近郊にある水浄化施設　1日何百トンもの水を浄化している

の土地は肥沃であり，農業に向いている．また地理的に，海と内陸を接続する交易拠点になっている．さらに長年かけて水を治めてきた．1700万人の人口を抱え，移住は容易ではなく，また危険な土地だという意識もほとんどない．ハリケーンや台風もない[4]．低地であるため，地滑りも発生しないし，危険な生き物もほとんどいない．オランダ人は，カリフォルニアや日本，イタリア，ニュージーランドそしてインドネシアなど地震や火山がある地域に住む人々のことを自分たちよりも心配する．火山が近くにあっても，肥沃な土地があれば，人々は暮らし続けるであろう．オランダ人は，地震や火山など地球内部の活動よりも水の脅威にさらされているが，それをある程度制御しながら，快適な暮らしを実現している．ここ50年以上，大きな洪水被害は発生していない．実際，洪水被害はオランダ以外の国のほうが多く生じている．

質問：気候変動の影響はどう考えているのですか？
回答：現在，大きな懸念事項の1つとして議論が行われている．数年前から海面上昇のリスクを指摘する強い環境運動も行われている．行政はこの問題を考慮して活動しているが，その一方で，気候変動を信じない懐疑論者もいる．ただ誰もが静観するのはよくないと考え，堤防をより高く，より強くする（部分的により多くのスペースを川に与える）ことによって，水を一層制御したり，水害の恐れのある住宅開発を見直したりするなどの取組みが行われている．それだけではない．オランダはCO_2排出量の削減に取り組むと同時に，国際的な対策の必要性を提唱し，バングラデシュやモルディブなどの低地諸国の支援も行っている．

質問：運河や河川の水が茶色や濃い緑色なのに，飲料水は安全なのですか？［写真8］
回答：はい．安全であり，その質は世界一である．泥だらけの環境と19世紀に都市で発生したコレラや結核など水関連の疾病が発生して以降，各家庭への清浄な水の供給は重要事項である．現在，北ホラント州と南ホラント州内のすべての飲料水は，河川水とアイセル湖から供給されている．その他地下深くからくみ上げる地下水も使われている．下水や産業廃棄物やごみは，飲料水が「生産」されている場所から離れて管理される．オランダの河川水や湖水は，河口デルタ（三角州）に位置し，少し濁っている．浄化プロセスは以下のとおりである．まず殺

4）　西ヨーロッパの嵐は，多くの場合，カリブ海のハリケーンが弱くなったものである．

菌にもなる直射日光があたる特殊な貯水池で大きい異物を底に沈める．そして自然のプロセスとオゾン，紫外線と活性炭のフィルタリングによるいくつかの基本的な化学処理など20以上のステップを経て，水道の蛇口に到達する．塩素やフッ化物も添加されていない．季節や気象条件によらず1年中，煮沸することなく，直接，蛇口の水を飲むことができるようになっている．

質問：地図を見ると，北にある島々をつなげてその背後地を陸地にすればよいと思うのですが？

回答：この質問に簡潔に答えることは不可能である．次章以降で詳細に述べることとして，ここでは短く説明しよう．実際，ワッデン海（Waddenzee）にある島々をつなげようという提案はこれまでもなされてきた．干潮時にボートでここを通るとわかるのだが，島と本土の間の海底は砂である．19世紀，改良された調査技術によってもこのことが確認された．また砂州と砂州の間はとても深い峡谷になっており，それをふさぐことはきわめて困難であるとともに，この砂地は釣りやムール貝が育つ重要な場所にもなっている．今日，ここの貴重な生態系にダメージを与えるべきではないと主張する人々も少なからず存在する．ワッデン海は，ユネスコ世界遺産にも登録されており，自然保護地域となっている．しかし後で示すように，この地域の自然は完全に保全されているわけではない［写真9］．

質問：橋や水門の近くにある青い「目盛」は何ですか？

回答：オランダ語で *peilschaal*，潮位計である．この数字は，海抜，NAP（アムステルダム標準水位）からの高さを示している（詳しくは4章で述べる）．低地では「ゼロ」の目盛を見つけることができるが，高地では海抜ゼロメートルからの相対高さが示されている．特に船にとって，橋の上や水門を通過する際，上下にあとどれだけの余裕があるかを知る重要な役割を果たしている．オランダの河川や港湾の水位は，1日に数回計測され，船に伝達される．この情報は，かつては公共ラジオで，現在はインターネットで提供されている．

質問：水門は何のためにあるのですか？［写真10］

回答：英語でsluice．これはオランダ語の *sluis* から派生したものである．水門は，主として河川，運河や港において，より低い運河に水を流すためにつくられる水位や流量を制御する施設である．「水位の低いところに水を流す」水門に加えて，もう1つ「ロック（オランダ語で *sluis* あるいは *spui*）」と呼ばれる水門は，水位調節が可能であり，舟やボートが水位の異なる水路を行き来することができる．これらはともに，オランダの複雑な水システムを管理する上できわめて重要である．特に「ロック」は大きな船が通行できるように，巨大なものもつくられている．また人量の余分な水を海などに流すための大きな水門もつくられている．またしばしば橋と一体的につくられている．オランダでは，水門で働く人は *sluis-wachters*（水門管理人）と呼ばれている（次章以降で，水門やロックについて紹介する）．

写真9　ワッデン海（Waddenzee）にある無人島

写真10　運河の水門

写真 11 水路に落ちた車

質問：車が運河に落ちることはありますか？ そしてもし落ちたらどうなりますか？［写真11］
回答：はい．サイドブレーキをかけ忘れるなどの理由で車が転落することがある．地形は平らな場所が多いので，駐車スペースと水の間には，わずかな手すりしかない，あるいは何もないところが街中にも数多くある．そういうところへの駐車は少し緊張するが，それはオランダ人も同じように感じている．もし気になるなら駐車する場所を変えるべきである．もし最悪の状況（転落）が生じた場合，窓を閉じて車の中で救助を待つというのがオランダでの一般常識になっている．車内に空気をたくさんためておくことが命を守ることになるので窓を開けてはならない．逆に外から車内に水が入ってきた場合は，車の中と外の圧力差がなくなるのを待って，ドアを開けて脱出を図る．ドアを開けられるようになるまで，できるだけ深呼吸をして，酸素を休内に取り込んでおくことが重要である．人口密度の高いこの国では，車が転落すると，ほぼ確実に誰かが気づき，消防に連絡してくれる．消防隊が車を引き揚げてくれるが，その費用は車の所有者が支払う．

質問：木靴はどうなっていますか？ オランダ人が履いているのを見かけませんが，どうしてですか？［写真12］
回答：よい質問である．どこでもそうであるが，昔の伝統は急速に失われている．他にも理由はある．木靴は貧しい農家が湿地で働くときの靴であった．そのため，より豊かになり，農業

写真 12　木靴

が発展すると，都市の人々のみならず，農業とは無関係の村人も木靴を履かなくなった．ただし木靴を履いている農家は今でもある．もしそれを見ることがあれば，ぜひ写真に収めてほしい．

　以上で，あなたの疑問の一部が解けたことを期待するが，あくまで概要であり，正しく理解するためには，より詳しい説明が必要である．これから理解を深めていこう．まずは，オランダを代表するチューリップ，木靴，風車などについて詳しく紹介する．これらはすべて水と関連する．

2章
オランダのシンボル
水に囲まれた暮らしの全体像

　世界中の誰もが「オランダ」と聞くと，風車，木靴とチューリップを思い浮かべるであろう．これらは観光業界によって植え付けられた固定観念ともいえるが，あながち間違いではない．ただ，風車や木靴はどこでも見られるものではないし，チューリップは春しか咲いていない．一方，オランダをよく知る人は，自転車，橋，レンガでつくられた切妻屋根の建物，雨の多い気候，まっすぐな排水溝で分割された単調な牧草地などをシンボルと思うのではないだろうか．

　これらの文化的な象徴のほとんどはオランダの地勢と関連している．木靴は，湿地を歩いても足が濡れず，暖かさを保ってくれる．チューリップは，砂丘の内陸側の砂と肥沃な粘土が混ざった特別な土壌でよく育つ．中世の火事により木造家屋が敬遠され，川の粘土からつくられたレンガが橋や家に用いられた．昔は牛乳のほうが水より安全な飲み物であり，また自転車は平地ではとても便利であった．最後に歴史的なシンボルである風車は，低湿地から水を排出する最も古い「機械」である．

　以降，さらに深く理解するために，それぞれのシンボルについて詳しく紹介する．まずは海面よりも低い土地で生活している様子をよく見てほしい．

ポルダー干拓地
　前の章で，海面下の国であるため，ポルダー干拓地（人工的な排水システムと通常堤防を有する干拓地）をつくって暮らしていると述べた．オランダには約3000のポルダー干拓地があるが，他の国と異なるどのような特徴があるか？　ポルダー干拓地は，フランス・ボルドー地方からポーランドのヴィスラ（Wisla）川のデルタ（三角州）にかけても存在する．ドイツ北部のポルダー干拓地はオランダとほぼ同じである．イギリスにはリンカンシャー（Lincolnshire）のワッシュ（Wash）干拓地があるが，ここは北海に面し，オランダの対岸に位置することから「オランダ」というニックネームがついている．実際，チューリップ畑もある．17世紀にこの地域が作られたとき，直接あるいは間接的にオランダの水技術者および水技術が使われた．

　ポルダー干拓地には2種類ある．いくつかはかつて湖であったところを排水してつくったも

写真13　レーフヴァーター氏の胸像

のであり，その他は自然の力だけでは十分に排水されない低地にある．ともにポルター干拓地であるが，湖を乾燥させてつくったポルター干拓地は，現在ではほとんど使われなくなったが，*droogmakerij*（乾燥させた土地）と呼ばれ，水面や低湿地を陸地化する干拓という意味に近い．オランダにおける3大ポルター干拓地が新しいフレヴォラント州を形成している．ここについては7章で述べる．

　排水が人工的に行われている場所はすべてポルター干拓地であり，一部は*droogmakerij*である．どちらも海洋貿易によりオランダ共和国が栄華をきわめた17世紀につくられた．裕福なアムステルダムの商人たちが資本の投資先としてこうした場所を選んだ．市の北部の数多くの湖を乾燥させると肥沃な農地が生まれ，確実に儲かる事業であった．

レーフヴァーター（Leeghwater）［写真13］とデ・ライプ（De Rijp）

　レーフヴァーターは，最も重要かつ先見の明のあったオランダ人の「水技術者」であり，本名ヤン・アドリアンソン（Jan Adriaenszoon, 1575–1650）という．オランダ黄金時代，アムステルダムの商人たちは，にわかに儲けた資本の確実な投資先を探していた．彼らは，当時「低い水」現在は「水がない」を意味するレーフヴァーターと改名した有益な男に出会った．レーフヴァーターは，オランダで最も「湿った」地域の1つ，アムステルダムの北西約20キロの町デ・ライプの大工の家に生まれた．彼は風車づくりの仕事をしていたが，複数の風車を組み合わせて，水をくみ出す優れた装置を開発した．さらに堤防建設や干拓のスキルもみがき，2万ヘクタールの沼地（ニューヨーク・マンハッタンの2倍超）の水をくみ出した．また町の周囲の水位，いいかえると町へのアクセス性を制御して，オランダ共和国の外敵スペインとの戦いを支援した．彼はとても有名になり，招かれてフランスやドイツの沼地の開発も行った．さらに，風車の技術を改良して，教会の鐘，時計やカリオン，そして生まれ故郷の新しいタウンホールの設計も行った．レオナル・ド・ダビンチに匹敵するといえよう．

　現在のデ・ライプの町と隣接するフラフト（Graft）村は，ともに小さく美しい．たくさんの風車と高く狭い堤防道路があり，魅力的で自然豊かな風景が広がっている．フラフトでは，かつてスピッツベルゲン（Spitsbergen）島周辺で捕鯨が行われていた．一方，デ・ライプは，韓国でパク・ヨング（Pak Yong）と名乗ったヤン・ヴェルテフレー（Jan Weltevree）の出身地である（韓国の会社はデ・ライプに彼の像をつくっている）．町の小さな，しかし興味をそそる博物館，In't Houten Huis（木の家で）では，レーフヴァーターゆかりのさまざまな品

写真14　アムステルダム近郊の湖にあるポール

や，かつて島であったときの歴史について紹介している（houtenhuis.nl）．

　オランダ語は，微妙な感情のニュアンスを表現するイタリア語やロシア語のように詩的ではない．一方で，この実用的かつ実践的な国では，特に船や農業などの伝統的な活動に関する技術や装置についてのさまざまな単語がある．これらの用語は，全世界の辞書の中でオランダが最も多い．水を排出して土地をつくる，あるいは嵐や水から土地を守る単語もたくさんある．その中の1つを紹介しよう．

　中世，人々は浅瀬にポールをたててその中にごみを捨てていた［写真14］．その後，そこに草が生えて陸地化した．これを *aanplempen*（埋立，元は重いものが水に沈んでいくときの音 plomp からきている）という．埋立は，オランダでは大量に必要となる岩や砂がなかったため，あまり行われてこなかった．この 'aanplempen' は，河口や自然港など土地に隣接した場所で行われた．政府の命令により，農家が排水溝の水の流れを保つために小規模に行われることもあった．1ないし2年おきに，彼らは排水溝のごみや底に溜まった土砂を除去し，農地の隅にそれらを堆積させた．オランダの牧草地をよく観察すると，中央部よりも端の方が少しだけ高くなっているところがある．こうした除去が行われる場所は，地盤が軟弱で近くの排水溝より低くなっているかもしれない．排水溝からごみを取り除くことはいわゆる浚渫であり，それを大規模にしたのが港や防潮堤の建設である．後で詳しく紹介する．

2章　オランダのシンボル　水に囲まれた暮らしの全体像

写真 15　運河の浮草，岸辺が木材を使って補強されている

排水溝 [写真 15, 16]

　では，オランダに四角や三角の土地を生み出し，格子模様や多少数学的な外観を与えている排水溝について紹介しよう．イギリス放送協会 BBC は排水溝に関して「小さな四角い土地」というドキュメンタリー番組をつくっている．排水溝は土地・財産を分割し，家畜をその場所にとどめるものであり，アイルランド，ポルトガルなどでは石垣，他の国では生垣がその役割を果たしている．しかし，これは排水溝の 1 つの側面にすぎない．真の機能は，余分な水の排出である．余分な水は空そして地下から供給され続け，なくなることはない．

　排水溝の主たる目的は排水である．湖沼また湿地をより経済的に儲かる場所にするために，人々はまずその周りに堤防をつくり，次に風車やポンプを使って水を排出した．さらに新たに獲得した土地に溝を掘り，排水をし続けなければならなかった．水をくみ上げ続け，水位は降雨や土地利用に応じて地表面より 20〜80 センチ低く調整されている．このくみ上げシステム（かつては風車，現在は電動ポンプ）が，川あるいは運河などより大きな水システムとつながり，最終的に海に送られる．距離，季節や天候により異なるが，排出にはある程度の時間を要する．

　オランダの国土の少なくとも半分は排水溝なしには存在しえない．この国土を形づくる排水溝に関して，以下のような表現がある．

　van de wal in de sloot（岸から排水溝へ）は，「物事が悪化する」

写真 16　浮草のある水路

写真17　伝統的スポーツ　排水溝ジャンプ

Hij zal niet in zeven sloten tegelijk lopen（人は同時に7つの排水溝に入れない）は，「さらに問題が大きくならないよう注意する」

Oude koeien uit de sloot halen（排水溝から年取った牛が出てくる）は，「昔の不一致が再び議論になる」

　排水溝は所有者にとって大事なものであるが，それに注目するオランダ人は少ない．冬あるいは早朝の太陽が低い位置にあるとき，電車や自転車で排水溝を渡ると，光ってみえる風景に感動するかもしれないが，車で通りすぎるときは，その光景に美しいと感じるよりもうんざりするであろう．

　排水溝の近くに住む子どもたちは排水溝を飛び越える昔からの遊びができる．フリースラント州北部では，大人たちも真剣にやる立派なスポーツになっている．英語に近いフリース語で*fierljeppen*（遠距離跳躍）と呼ばれ，長い棒を排水溝に突き刺して向こう側に渡る競技である．軟らかい地面に棒を立てるため，沈んでいくことを考慮しなければならない［写真17］（これに関連して，*Met de hakken over de sloot*（かかとで排水溝を越える）という表現がある．なんとか成功することを意味する）．

　最後に，排水溝は大人，子ども双方にとって自然観察の適地である．化学物質をあまり使わない農場の近くの排水溝では数多くの小さな動植物がみられる［写真18］．

写真 18　排水溝は鳥や魚たちの生息空間にもなっている

エコシステムとしての排水溝 ［写真 19］

　都市化あるいは化学肥料を使った現代農業がなされていない排水溝の生態系は豊かである．特に，広い湖や池につながる保護された場所では，多様な葦，睡蓮（スイレン），アヤメそして浮草が見られる．オランダとはまったく異なる気候の読者はわからないかもしれないが，浮草はときに水面を覆いつくし，ペット（や小さな子ども）が草地と間違って水面の上を歩こうとするかもしれない．そこに，アヒル，カエル，サンショウウオ，多様な魚や昆虫が生息し，大型のガチョウ，白鳥，サギやコウノトリといった鳥類の休息地となっている．残念ながら，そうした素晴らしい場所はどこにでもあるわけではないが，一般的に環境政策と国民の関心の高まりから，オランダの内陸の水質はここ数十年で大きく改善された．

雨が多いか？

　オランダは大量の水とつきあわねばならなかった．外国人居住者はしばしば雨が多いと不満をいう．実際，年間 800 ミリメートルの降水量があるが，湿度は高くない．世界で最も降水量が多い場所は，インドの北東部で，オランダの約 10 倍ある．ノルウェー，スコットランド，スペイン北西部そしてかつてのユーゴスラビアの海岸部などヨーロッパの多くの地域でも，オランダより多くの雨が降る．残念なのは，この 800 ミリメートルの雨がまとまって降らないということである．統計によると，年間わずか 6％，霧雨と時折にわか雨が降る曇り空の時間や

写真19　フリースラント州の旗にも描かれている睡蓮

日が，多く雨が降るような印象を与えている．インターネットの天気レーダー（www.buienradar.nl 多くがオランダ語であるがおすすめである）を見ていると，大西洋やヨーロッパの雨が，あたかも道を知っているかのように，オランダに向かってくる様子がわかる．しかし，統計的には1年のうち125日雨は降らない．もちろん，気候変動が影響を与え，これまでの穏やかな降雨とは異なり，今後，豪雨が降るようになると見込まれている．

　オランダの天候の最大の特徴は雲と風である．西からの風が北海の海上で発生した雲をつれてくる．こうして雲がずっと空を覆うと，天気だけでなくオランダ人の気持ちまで暗くなる．しかし，3月になると，この気分を一掃してくれるだけの十分な日光が降り注ぐ．また風は自転車やビーチに行く人には迷惑だが，風車やセーリングにはとても役に立つ．

　気候変動のもう1つの影響は風向の変化である．ドーバー海峡と北海によって大西洋とイギリス諸島からの南西の風は湿度が高く，冬穏やかで夏涼しい空気を運んでくる．それが長い時間，雲と霧雨をもたらすのだが，近年は，北風が増加している．冬あるいは寒い夏，突然の降雨，ときにはみぞれや雪が降るようになっている．それほど多くないが，大陸の大気を運んでくる東風が吹くと，夏は暑く，冬はとても寒くなる．

　こうした変わりやすい天気は，プラスマイナスの両面があり，会話のきっかけを提供する．オランダ人はよく天気のことをよく話題にするが，太陽が出て暖かくなるのはよいニュースであり，ネガティブなことばかり話をしているわけではない．オランダ語にはたくさんの天気に

関するメタファー（比喩）がある．幸せそうな子どもは，*het zonnetje in huis*（家の中の小さなお日様）と呼ばれる．しばしば気難しい大人を皮肉って，この言葉が使われることもある．

　風に関する昔の表現に，*de wind in de zeilen hebben*（帆に風を受ける）がある．これは幸運という意味である．他にも，*wie wind zaait zal storm oogsten*（風を起こすと嵐になって帰ってくる）がある．一方，雨について，*van de regen in de drup*（雨が滴る）は，物事がさらに悪くなるという意味である．

　オランダ語には，さまざまな雨の「質」に関する言葉がある．少なくとも26（おそらく2，3抜けていると思う）ある．オランダ人の友達に聞いてみてほしい．弱い雨から激しい雨まで並べてみると次のようになる．*miezeren, druilen, motregenen, sijpelen, spatten, spetteren, druppelen, nattigheid, bui, neerslag, hemelwater, regenen, zeiken, gieten, gutsen, stromen, hozen, met bakken tegelijk vallen, druipen, plenzen, pletsen, sauzen, storten, stortregenen, pijpenstelen, vloed, zondvloed*.

　雪だけで20の言葉があるエスキモー，イヌイットのことはここでおいておこう（訳者注：日本語で雨を表す言葉はさらに多い．広辞苑で紹介されている「○○雨」は185ある）．

　しかし，上から降ってくる水よりも困難なのは，下からの水である．オランダの下層土は岩盤ではない．粘土と砂の比較的硬い層がある一方で，軟らかい泥炭層が広く存在する．泥炭は，沼沢地や湿地に生育した樹木，草木，コケ類などの植物がある程度分解・炭化したものであり，水を含んだスポンジのようになっている．圧力がかかると，その水が出てくる．都市部の拡大，高速道路，鉄道，工業地域や空港の整備によって上からの圧力が大きくなっている．さらに，オランダの水の多くは，国外から流れてくる大河川から供給される．ライン川とその支流の源流はスイスやドイツ，マース川の源流はフランスとベルギーである［図4］．人が土地を放棄しない限り，水への挑戦に終わりはない．オランダで最も重要な地域は，人口の半数が暮らし，経済，政府そして文化的中心地のある「低地」である．オランダ人は，水をくみ上げ続け，決して土地を放棄することはないであろう．放棄すれば，国土の3分の2が失われる．この問題が議会で議論されるとき，諦めのメタファーは，現在の海岸線から約65キロ内陸にある町「アメルスフォールト（アメル川の浅瀬という意味から名前がついている）が海になる」である［図5］．

水と健康

　外国人が気にして質問するのは，運河の水がオランダ人の健康に悪影響を与えていないのかということである．濁っていて深緑色をしており，流れているようにはみえない．しかし，実際には，ほとんどの都市で水は流れておりリフレッシュされている．アムステルダムなど水管理上の問題があるいくつかの市では，運河システムが周囲とは分離されているため，別の方法がとられている．週に数回，夜間に終末にある水門が開けられ，すべての運河の汚い水が流され，上流のよりきれいな水が運河に入れられる．排水された水は浄水プラントに送られ，そこで浄化処理された水も再び運河に戻される．飲料水としての水質には及ばないが，生物学的には衛生的な水であり，魚，植物や藻類も生育できる．確かに細かな泥を含み深緑色をしている

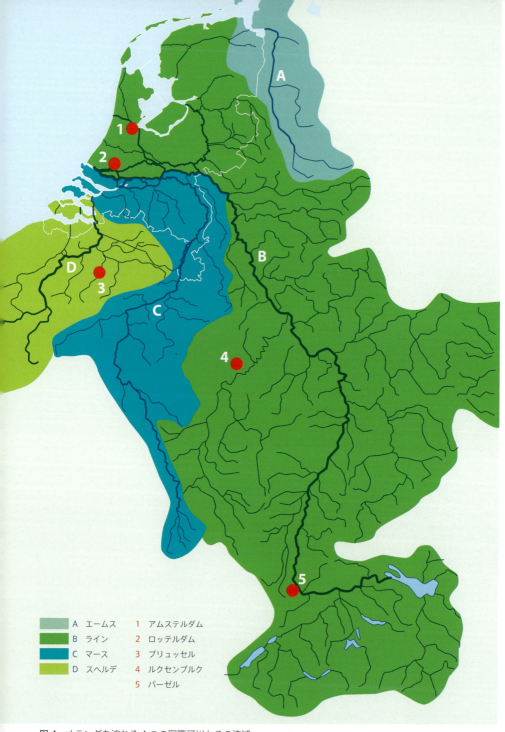

図4 オランダを流れる4つの国際河川とその流域

図 5 海岸および河川堤防がないときのオランダ

が，瓶にその水をすくってみると，きれいな緑色がかった透明度にきっと驚くであろう．

飲料水

　運河や水路の水は飲む気にはならないが，見た目ほどは汚染されていない．また港などにおいても厳格な環境規制がなされている．これには物語がある．大まかにみていこう．

　清浄な飲料水の重要性はどこの国でも同じであるが，低地のオランダには渓流や天然の泉はない．19世紀，他の西ヨーロッパ諸国と同じく，オランダ，特に運河や港をもつアムステルダムは，コレラやチフスなどの伝染病が何度も流行した．国中の湿地や沼地では，マラリアなどの感染症も発生した（根絶されたが，現在でもしばしば8月に蚊の大群が発生する）．歴史的に伝染病が大流行するときは，汚い飲料水と不衛生状態が常に要因になってきた．当時は，水システムを制御して清潔さを保つことはされておらず，市民は運河をあらゆる目的のために使った．唯一，醸造所だけが外からきれいな水を得ていた．洗濯は砂丘にあるきれいな水を使うのがよいとされた．

デルタの国の飲料水

　低地のオランダでは飲料水の質はよいのかと質問されることがある．19世紀，重大な工業汚染が生じるまでは，村や農場の飲料水には河川，排水溝そして井戸の水が使われてい

た．当時オランダの都市では，下水システムが整備されておらず，人々はごみをすべて運河に捨てる習慣があったため，汚染はすでに始まっていた．夏，裕福なアムステルダムの商人たちは，不快な悪臭を避けるため，田舎で過ごすようになったが，全員がそうできるわけではなかった．上流のアムステル川やフェフト (Vecht) 川からきれいな水を運ぶ市の特別なボートが用意された．また寒い冬，川が凍ると，岸から馬が船を引っ張って氷を砕いた．アムステルダムの外側，アムステル川の東岸にあるヴェースパサイド (Weesperzijde) に 'De IJsbreker' というおしゃれなカフェがある．その対岸に鋳鉄製の構造物が残っている．

今日，オランダの飲料水の約3分の1は河川起源である．残りのほとんどは地下水であるが，海に近い地域の地下水は塩分を含んでいる．アムステルダムではライン川の，ハーグとロッテルダムではマース川上流の水が使われる．マース川の水はきれいではないので，高度処理が行われている．また古くから砂丘の水が清浄であることが知られており，砂丘の水も飲料水に利用されてきた．かつてハーグでは砂丘の水のみが使われてきたが，19世紀に都市が発展して供給不足になり，砂丘の水が消え自然にも悪影響を及ぼした．

オランダの都市では，経済活動と人口密度の増加が深刻な水質汚染，そしてコレラやチフスの大流行を引き起こした．19世紀の後半，対応策がとられた，上流に貯水池をつくり，そこで浮遊物が取り除かれ，曝気(ばっき)処理された水が管路で町に運ばれた．しかし，すぐにこれでは不十分であることがわかった．そこで，河川の水を砂丘に運び，自然の浄化フィルターを通して，地下深くからくみ上げることにした．1960年代，工業汚染が進行し，浄化に塩素など化学物質が使われるようになった．しかしその方法を人々は評価しなかった．さらにロッテルダムでは，港や地下水を通じて，飲料水に海水が混ざるようになった．1963年，ロッテルダムの飲料水は飲めない状況になり，しばらくの間，外部から輸送された．遠くはノルウェーからボトル詰めされた水が輸入された．新しい貯水池そして浄化プラントが，市の中心部から西に10キロのビーレプラッツ (Beerenplaat) につくられ，水質も改善された．その後，環境保護主義者の反対にあったが，さらに大きな貯水池が，ドルドレヒトの近くのビースボシュ (Biesbosch) の未開発地につくられた．

現在，オランダの飲料水は，約20のプロセスを経て浄化されている．砂丘の砂によるフィルタリング，紫外線と風への暴露，オゾン処理や膜ろ過など，しかしバクテリアを殺す塩素は使われていない．フッ化物や他の化学物質も添加されず，常時，試験や監視が行われている．多くのオランダの地域では，カルシウムやマグネシウムを多く含む「硬い」水が電化製品や洗濯に悪影響を及ぼすという問題があった．しかし現在は膜ろ過により解決している．オランダの飲料水の水質はきわめて高く，安定的であり，ボトルの水は不要である．科学的研究によると，10あるオランダの水道会社の水質は全ヨーロッパで最高であると評価されている．

水道の蛇口をひねれば，国中どこでも，そしていつでも安全な飲料水を得られる．想像できないかもしれないが，毎年10億立方メートルのきれいな飲料水が提供されている．1人あた

写真20 （ここに降った雨から）飲料水をつくる場所であることを示すサイン

り1日120リットルの水が，シャワー，皿洗いや車洗いに使われる．

オランダの飲料水は，深い地下水から60％．地表水39％，残り1％が砂丘から供給されている．海水を真水化する必要はない．地域ごとにこの数字は異なるが，どういう起源の水であろうと，20ステップの浄化プロセスを経て，あなたの家あるいはホテルの蛇口に運ばれている［写真20, 21］．

牛乳とビール［写真22］

かつて井戸や排水溝の水は安全ではなかった．バクテリアに関する知識が不十分で，一度煮沸してから使っていたときも，オランダの人々はさまざまな方法で自分自身そして子どもたちの安全を確保してきた．安全かつ健康にもよい飲み物が牛乳であった．健康な牛からとれる牛

写真21 砂丘にある湖 日光が水を浄化し将来飲料水となる

写真 22　牛乳の生産者

　乳は安全である．子どもだけでなく大人も飲んだ．オランダ人が牛乳を多く飲むのは，伝統的に安全だというのが1つの理由である．そしてオランダ人は，牛乳の味や舌触りが大好きである．
　牛乳は，その安全性のみならず，丈夫な体をつくることにも役に立った．植民地時代の初期に，世界中でコーヒーが飲まれるようになり，オランダでも大人気となった．穀物を発酵させたアルコールも多く飲まれた．特に，ビールは北ヨーロッパでたくさん生産された．アルコールが水の中の細菌やバクテリアを死滅させた．ビールを飲むとき，それがどの国のブランドかを見てほしい．ハイネケンは大量の広告により成功したが，その他にもたくさんのブランドがある．それぞれの町また修道院で独自の製法がつくられた．こうした地ビールは今も各地にあるが，必ずしもスーパーマーケットでは売られていない．オランダのビールが敬遠されているわけでないが，オランダのビール愛好家たちに評価されているのはベルギーやドイツなどのビールである．

オランダのチーズとチーズ市

　北ホラントおよび南ホラント州のいくつかの町は，チーズ市で有名である．最も知られて

1）　オランダでは，Gouda の G は発音されず，口をあけて鼻から息を吐く．そのため，ゴーダではなくハウダと発音される．

いるのは，アムステルダムから30キロ北にあるアルクマールである．他にも，エダム，ハウダ[1]（訳者注：日本ではゴーダチーズとして知られている），ライデンは，市よりもチーズのタイプで有名である．これらはすべて，牛を飼い牛乳を生産することだけに適した低地の牧草地帯である．チーズ市はカラフルで楽しいイベントである．伝統的衣装や音楽が流れる中，異なるチーズがサンプリングされ，取引されていく．ただし，実際に取引されているチーズの量から考えれば，チーズ市で扱われる量はほんのわずかである．現在のチーズ市は，夏の期間だけ開催されている．1900年ごろ行われなくなったが，20世紀，観光目的で復活した．伝統的に，チーズは牧場で作られ，都市に運ばれてオークションで仲買人が買い，さらに小売業者に販売された．ユトレヒトの西にあるヴォルデン（Woerden）町のチーズ市だけは，今も実際に売買がなされている．

　知っている人も多いと思うが，牧場でつくられたチーズは，取引される町の名前がついていた．例えば，ゴーダチーズは，ハウダでつくられたわけではなく，その周辺地域でつくられていた．「ゴーダ」や「エダム」チーズは世界中のスーパーマーケットで売られているが，それらは単に多くの国のチーズ工場が真似してつくっているだけである．そのため，正確には「ゴーダタイプ」あるいは「エダムタイプ」のチーズと呼ぶべきである．EU統合以降，こうした名称はより保護されるようになった．オランダの消費者にとってゴーダチーズは最も人気があり，形容詞形で「Goudse」と呼ばれる．エダムチーズは丸く，周りが赤いワックスでコーティングされている．一方，ライデンチーズは，クミンシード（クミンという香辛料に使われる草の種）が入っていることで有名である．熟成の違いで風味や味わいが異なる．ここ数十年，大きなチーズ工場では，新しいタイプや味のチーズが生まれている．中には昔風の名前のものもある．チーズ愛好家は，マーケットの屋台やチーズ専門店でチーズを購入する．いくつかのチーズ牧場は，自家製品をつくり旅行客に販売している．

風車 [写真23, 24]

　ではオランダ観光業，また一般的な国のイメージのアイコンになっている風車の話をしよう．しかし風車自体はオランダで発明されたものではない．アラブで発明されたと考えられており，その後ヨーロッパ全土に伝わった．ポルトガルからウクライナへ，またギリシャからイギリスへと広がっていった．オランダの風車の特徴は，基本的に小麦を挽いたり，木を切ったり，古紙からパルプを作ったりしないということである．ほとんどのオランダの風車は，水を低地からくみ上げることを目的としている．15世紀の初期に，アムステルダム北部のアルクマールに登場した．技術的なことはウィキペディア（Wikipedia）や風車博物館に任せることにして，以下，いくつかの風車の機能について紹介したい．

　オランダに空路で到着すると，風車が見られないことにがっかりするかもしれない．特に都市部は少ない．郊外には残っているが，どこにでもあるわけではない．水のくみ上げという目的に照らし合わせると，風車は低地に集中している．現在も天気によって，排水が必要な時に

写真 23　風車のある風景

使われている．およそ1000基の風車が残っているが，17世紀には約1万基あったといわれている．こうした風車が，外国人観光客に感銘を与え，オランダのトレードマークになったのは小さな驚きである．

　しかし，この自然任せで予測不可能な風力装置は，まずは蒸気機関に，そしてディーゼルエンジンや電力あるいはそれらの両方を用いた装置へと転換していった．特に19世紀，多くの魅力的であるが役に立たなくなった風車がどんどん壊されていった．当時は，近代化の証とされたが，今ではそのことを後悔している．1923年，風車の保全を目指す組織が作られた．木製の風車は雨，霧そして風（！）に弱かった．この組織は，さまざまなタイプの風車の維持管理情報を提供するとともに，一般大衆には公開されていない特別な風車を訪問するエクスカーション（旅行）を行っている．英語であるが，molens.nl/english/ を参照してほしい．

　風車の基本的な技術は，もちろん，風を捕まえて羽を回すことである．羽が回って風車の内部にある大きな主軸（木の梁）を回す．この動きが基部のギアに送られ，最終的にタービンを回す．タービンは，水車あるいはアルキメディアン・スクリュー（アルキメデスの螺旋）の形をしており，排水溝にある水を1メートルほどくみ上げ，より高い位置にある排水溝あるいは水路に運ぶ［図6］．

　風を捕まえて低湿地から水をくみ上げることを目的とするため，風車は都市にはあまりない．低湿地に都市をつくることはないし，建築物が風を邪魔する．しかしいくつか例外があ

写真 24 風車と水車

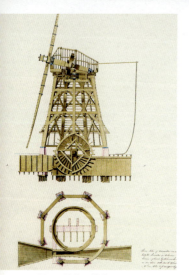

図6　風車の構造

る．例えば，もともと孤立していた風車がある場所まで都市が拡大した場合である．またいくつかの都市の風車は，より風をとらえるために，木製あるいはレンガの台座の上に配置され，近くの醸造所で使用されている［写真25］．

　風車はホラントの田舎に行くと簡単に見つけることができる．複数の風車が組み合わされ，より大量の水がくみ出されている場所もある．一番有名なのは，ロッテルダムの近くにあるキンデルダイクである．ユネスコ世界遺産に登録され，多くの観光客が訪れている．アムステルダムの北，スフェアマーホーン（Schermerhorn）も魅力的である．どちらもポルダー干拓地に複数の風車が並び，ミュージアムになっている風車の1つは，内部に入って見学することもできる．個人的には，さらに田舎，24ページで紹介した町フラフトとデ・ライプは，近くに見どころもあっておすすめである［写真26］．

　キンデルダイクやスフェアマーホーンで，太い木の梁が使われ，力が次々に伝わっていく様子をみるのはとても印象的である．どちらの場所でも，機能の説明と風車をつかった干拓システムの歴史を学ぶことができる．土地を安全にすべく，水が高い場所へと運ばれる様子を見ると感動する．風の強い日にぜひ出かけてみてほしい［写真27］．

　複数の風車が見られるオランダ西部の場所は他にもある．複数ある理由は，1メートルほどくみ上げる伝統的なメカニズムをもつ風車は，1基だけでは干拓地あるいは元の湖が大きすぎるためである．例えば，4メートルほどの深さの湖では，4基の風車を並べる必要があった．このシステムは「風車通り」と呼ばれ，先の2か所でも見られる．大きな湖の干拓においては，この「風車通り」が複数必要であった．1650年，大型のアルキメディアン・スクリュー（アルキメデスの螺旋）という新しいタイプの風車が開発された．英語で「モルタルミル」と呼ばれ，2.5メートルほど水をくみ上げることができ，干拓技術の改善に大きく寄与した[2]．後で，どこでどのように行われたのかについて紹介する．17世紀，数多くのこの新型の風車が活躍して，干拓は全盛期を迎えた．この干拓のシステムが進歩的で豊かなオランダ共和国の基礎となっていることに，多くの外国人が感銘を受けた．

他のタイプの風車

　オランダの風車は，すべてが水をくみ上げるためのものではないし，また高いわけでもない．アムステルダムの北にあるザーンダムの風車は，産業革命初期に活躍し，1600年代のオランダ黄金時代を支えた．風車を使って，織物の動力，金属加工，ビールやペイントの材

2）　現代の風車は，5メートルの高さまで水をくみ上げることができる．

写真 25　シーダム（Schiedam）にある都市型風車　風をとらえるために高さがある

写真 26　今でも人が住む風車がある

写真 27 複数の風車

料づくりが行われた．風車は船の建造にも不可欠であった．その船に乗って，オランダ人がアフリカ，アメリカ，インドネシアなど世界各地に出かけて行った．

　一方，高さ 1 メートルほどの小さな風車もある．自分の土地の排水溝から余分な水を排出するため，農民が自分たちでつくったものである．当初は木製であったが，その後，金属製になり，近年ではソーラーパネルがついて，風がない日でも稼働する風車らしからぬ風車も登場している［**写真 28, 29**］．

　オランダでは西風が支配的であるが，常に同じ方向から吹いているわけではない．風をうまく取り込むために，回転する風車が求められた．そのためには，風車全体が回るか，上部だけが回るか，いずれかのシステムが必要となる．オランダでは，それぞれ *benedenkruier*（下側回転）と *bovenkruier*（上側回転）と呼ばれた．前者は古いタイプ，後者はより安く改良されたものであった．それぞれ利点と欠点があるが，このことについては省略する．興味がある人はぜひ「風車博物館」を訪問してほしい．

　もともと風車はすべて木でつくられていた．今日残っている風車の多くも木製である．ボランティアによって管理され，観光客が多い季節や週末に補修されている．この作業は決して簡単ではない．風車の操作および維持管理に関する資料は 17 ページに及ぶ．ボランティアは全国各地に住んでいるが，当初は風車管理人がいて，風向や風力に応じて適切に風車を調整して

(左)写真28　2つの排水溝をつなぐ小さい風車
(右)写真29　太陽光を利用したポンプ設備

いた．同時に家畜を飼い，おそらく自宅でできる仕事もしていた．風車管理人と家族は風車の中で暮らしていた（風車の形状にあわせて仕切られた部屋は興味深い）．

　風をより効果的にとらえることができるよう，風車の木の羽は，重くない長方形の帆で（一部あるいは全部）カバーできるようになっている．しかし，この国では風のない日は稀であり，比較的乾燥した天候により，帆はあまり必要ない．かつてこの帆は木綿でつくられていたが，現在は合成繊維が使われている．風が強すぎるときは，帆は取り外される．風は吹き抜けていくが，羽は回転し続ける．専門用語では「裸足」と呼ばれる．強風が予測されるときは，チェーンで機械を固定して無事を祈る．

　もちろん，羽が壊れるときもあった．またインターネットでは，雷や事故によって火災が発生し，焼失した風車の写真も紹介されている．かつて風車で暮らしていたころの人たちは，さらに多くの火災にみまわれていたに違いない．

　外国人旅行者を魅了するオランダの風車の特徴の1つは，「風車語」である．かつて，風にあわせて常時羽の向きを調整していた風車管理人とその家族は，風車から離れることなく社会の動きを伝えた．結婚式やめでたい出来事，赤ちゃんの誕生や死などの主たるイベント情報を，直立，斜め右，斜め左などで表現し，周囲に伝達した．この「風車語」は地域により異なっていたが，1つだけ共通点があった．羽に国旗が結ばれているときは，お祝い事の証である．現在でも国王の日（4月27日）や地元の宗教的なお祭りなどにおいて，しばしば行われている．

　もちろん，風車を使ったオランダの表現も多い．最も知られているのは次の2つである．
Die heeft een klap van de molen gekregen，（彼は風車からの風を受けている）は，「彼はクレイジーだ」，*Koren op zijn molen*（風車の小麦）は，「歓迎すべき影響あるいは条件」という意味である．

木靴　[写真 30, 31]

　風車のほかに、よく知られたオランダのアイコンは木靴である。これはスカンジナビア諸国やフランス、スペインにもあり、さらに日本のゲタもあることから、オランダだけのユニークなものではない。また1章で簡単に述べたように、現在木靴を履いている人はほとんどいない。観光客は少しがっかりするかもしれないが、もう少し詳しく解説しよう。皮靴とは異なり、木靴は、水を通さないだけでなく、農作業で使う鋤や鍬などの道具から足を守ってくれる。ゴム長靴と同じように、農家の持ち物であり、都市住民には不要であった。木靴で上手に歩くためにはスキルがいる。お店の人が教えてくれないのは、オランダの農家やその家族は、内側にインナーを履いていたことである。貧しい人たちは藁を、裕福な人たちは柔らかいヤギ革の靴下を履いていた。これらのおかげで、ゴム長靴より快適で、乾いた足を保つことができた。

　多様な木靴の中で最も知られているのは黄色い木靴であるが、他の色もあるし、色とりどりのギフト用の木靴もある。これらは相対的に軽い木、ポプラやヤナギ、なかでも萌芽更新を利用した新しいヤナギの木で作られている。しばしば、短く頭でっかちなヤナギが排水溝に沿って植えられている。この頭の部分から若いヤナギの枝がたくさん生えてくる。それらが切り取られ、（後述するが）堤防にも使われる。切った木を乾燥させて、金属の道具を使って足の形にあわせて削っていく。面白いことに、北側の木は成長が遅く、その分強い。柔らかいヤナギの木は、足にフィットしやすい一方、摩耗も激しい。そのため、一生のうちで、人々は何足もの木靴を履いた。この詳細については、*klompenmaken.nl* のサイトを見てほしい。英語の情報や写真もあり、地域ごとの靴のモデルを表す地図も紹介されている。またオランダ北部、フローニンゲンから遠くない場所に、木靴博物館がある。

　オランダ農業における機械化の進展により、木靴は不要になった。農家出身であることを都市の住民にアピールする必要もなくなり、ますます履かなくなった。ただ、木靴がすべて不要になったわけではない。例えば、庭仕事をするときに使う人がいる。プランターあるいは飾りとして庭のフェンスや家のファサードとしても使われている。しばしば塗りなおされて、田舎の家の素朴な魅力を引き出すのに役立っている。現代版では、先端が革になっており、看護師や歩数の多い仕事をする人たちに人気がある。今でも約5000人のオランダ人が日常的に履いていると推定されている。観光地にはさまざまな木靴が売られているが、その多くは観光客向けである。足にフィットするかどうかはあまり重視されておらず、オランダ人にとっては装飾が多すぎる。最後に、観光地や大通りの店でみかける面白い履物は、木靴と同じ形をした柔らかい素材でできたスリッパである。白と黒の牛を模したデザインがなされてオランダらしさを感じるが、「Made in China」と書かれていたりする。

　最後に、木靴を使った表現を紹介する。*Dat kun je op je klompen aanvoelen*（木靴で感じる）は「明らか」という意味である。*Nou breekt m'n klomp*（今、木靴が壊れた）は、「おかしなことを言うね、びっくりした」という意味である。

写真 30　木靴の製作　現在はほとんど行われていない

写真 31　水をはじき，温かく，安全な木靴

写真32　マルケン島の伝統と現代的生活

伝統的な衣装 [写真32]

　オランダを象徴するもう1つのシンボルは，女性の伝統的な衣装である．特にボンネット（柔らかい布や毛織物でできた帽子）が特徴的である．地域性が強く，アムステルダムの20キロ北にあるフォレンダムという漁業の町が有名である．伝統的な衣装を高齢者そして観光業で働く若い女性が勤務時間内だけ身に着けている町もいくつかある．こうした衣装は決して古くからの伝統ではなく，ほとんどが18世紀以降に生まれた．田舎でイースター（復活祭）の日のファッションとしてみかけるかもしれないが，レンブラントやフェルメールの絵には登場しない．

　1900年ごろ，女性は地方ごとに特徴的なドレスを身に着けていた．男性は一部に白が入った黒あるいは濃い色の服を着ていた．一方，女性は地域ごと，また富や年齢や属性（未婚，新婚，子どもあり，未亡人など）によって，スタイルや色が多様であった．例えば，ユトレヒト州のブンシュホーテ（Bunsheoten）では糊で固めた大きな肩衣のような衣装が生まれた．また小さなボンネットからとがった糊で固めた帽子まで，かぶりものも特徴的である．馬の毛で作られた人工的なカール（巻き髪）もその一部であり，それらを固定するために多くのボンネットが使われる．耳のところで帽子を固定する"ear-irons"は，銀や金でつくられた．

　他国と同様，こうした地域ごとの衣装は，コミュニティへの所属やアイデンティティーを表した．しかし，大量生産，貿易，国際交流の広がりとともに，徐々に衰退していき，博物館や古い本などを除いてほとんど見られなくなった．今も残るのは，古い慣習が残る，あるいは強

写真 33　強い向かい風の中，自転車をこぐ

いアイデンティティーを持ついくつかの漁業の町だけである．フォレンダムのほかには，強い宗教的コミュニティのシュパーケンブルフ（Spakenburg）とユトレヒトの 30 キロ北にあるブンシュホーテ，かつてゾイデル海の島であったマルケン（Marken）とウルク（Urk）そしてオーファーアイセル州にある宗教的飛び地のスタップホルスト（Staphorst）．ゼーラント州とフリースラント州にも民族衣装が残っている．しかし，こうした衣装は，高齢の夫人が，結婚式，お祭り，女王の日やマーケットの開催日など特別な日に着ているだけである（マルケン島では，4 月 30 日の「女王の日」の祝日に，オレンジ色の刺繍で飾った民族衣装を着た女性たちのパレードが行われる）．ときどき，大都市でも伝統的な衣装を着た女性たちに出会う．遠慮せずに話しかけ，許可をもらった上で写真を撮るとよい．ただこれだけは覚えておいてほしい．スタップホルスト，ウルクそしてシュパーケンブルフからブンシュホーテは，オランダの「バイブルベルト（信仰心があつくキリスト教が文化になっている地域）」であるということである．彼らは，観光客を好ましく思っておらず，日曜教会に行くことさえ見られたくないと感じている．

風との闘い——風の利用 [写真 33]

　オランダの風景の話に戻ろう．オランダは，パンケーキのように平らであると思っているかもしれないが，実際は少し違う．ぜひ一度自転車に乗って判断してほしい．年齢と経験にもよるが，（太ももの筋肉を通じて）ホラントは真っ平らではないことがわかる．向かい風の中，長い橋や堤防道路を渡るのはとても疲れる．急いで出先から自宅に戻るときなど，いつも向かい風が吹いているように感じるかもしれない．他にも，風はビジネス，政治，スポーツにおいてあまりよくない状況を表すメタファーになっている．よい意味で使われるときもある．'de wind mee hebben' や 'de wind in de zeilen' は，「風があなたを応援してくれますように」．'gaan voor de wind' は「幸運に出会う」という意味である [3]．

　自転車に乗って風を受けると，この国の微妙な高低差を感じることができる．オランダを理解するには普通とは異なるスケール感覚が必要である．注意深く見ることで，多くの興味深い事柄に出会うことができる．

---

[3]　付録で，オランダ人の苗字の多くが水に関連していることを示す．日常的に使われるオランダの水に関連する用語は，英語のみならず，ロシア語や日本語にも使われている．

天気と交通

オランダの気候は荒々しい．海に近く，北緯52度にあり，風が強く，激しい．そのため，交通もいろいろな形で影響をうける．フェリーはしばしば運航が延期され，最も遠いワッデン諸島へは，ときには1日以上遅れる．嵐，雪もしくは薄氷のときには，道路交通，特に大型トラックやトレーラーは，締切り大堤防（Afsluitdijk）やエンクハウゼンからレリスタットへの堤防が通行止めになる．これらの堤防の両側約30キロが水であり，危険である．また東スヘルデを横断するゼーラント橋は延長5キロであるが，水面から10メートル以上高く，風の影響を強く受ける．そのため，夜はメンテナンスのため通行止めになっている．南国の読者は聞いたことがないかもしれないが，薄氷は空から降ってきた氷が積もるわけではなく，冷たい雨が地面に到達し凍ったものである．摂氏1度ぐらいの冷たい雨が地面に到達するとすぐに凍る．こうして薄い氷の層が，木，建物，電線そして道路にできる．とても危険であり，交通は大きく制限される．雨ではなく凍った霧になると，木や電線には薄い氷の結晶ができる．とても美しく，太陽が出ているときはシャッターチャンスである．空から降ってくる氷は雹である．雹はより南の国でも雷雨の際，降るときがある．

スカンジナビアでは，道路管理者が，冬，道路に砂や砂利をまいて通行を確保するが，交通量が多いオランダでは，こうした対策は適切ではない．代わりに塩が使われる．氷や雪が溶けて，車がその水をはじくと車や靴が汚れる．道路沿いの生態系にも負の影響を及ぼす．冬が来ると，オランダの各コミュニティには塩が準備される．通常，雪あるいはスリップしやすい状況が見込まれるとき，特別なトラックで道路に塩が散布される．2010年，予想以上に雪が降り，塩が不足し，多くの場所で交通が混乱した．

冬の楽しみ [写真 34, 35]

いくつか冬の話をしよう．オランダの冬は決してよいとはいえない．本当に寒いときは，氷や雪に覆われる．どんよりとした雲，霧雨や霧が数週間続き，気分も落ち込む．クリスマス前後の2か月間は日照時間も短い．クリスマス以降は，昼間の時間が長くなるが，夜は寒くなる．科学的な観測結果に基づいていないが，高齢の人たちは「オランダの冬は昔ほど寒くなくなった」と言う．

冬，オランダ人は気温が低くなるほど興奮する．なぜか？ 伝統的な「天然氷」でのスケートができるからである．極寒の気温が十分長く続くと，北部フリースラント州で「11都市スケートツアー」が開催される（詳しくは5章のこの州について議論するところで述べる）．厚い氷ができるほど気温が下がり，ロシアやスカンジナビアで発生した高気圧が張り出して好天になると，オランダ人はさらに元気が出る．夜は本当に寒いが，昼間太陽が出ている間は，とても気分がよい．オランダ人は太陽からエネルギーをもらってアクティブになる．最初に犬が「氷」の上に駆け出し，子どもがものを投げて（スケートが始まるとそれは邪魔になるのだが）十分な厚さがあるかを確かめる．オランダには「一晩でできた氷は踏むな」という表現がある．あわて

写真34 郊外でのスケートはリラックスできる

て不注意な行動をとるな,という意味である.

オランダ人は,混んでいて,費用がかかり,決まったルートしか通れない人工的なアイスリンクよりも天然の氷でのスケートが好きである.しかし多くのスケート好きの人たちはスケートリンクで練習をしている.子どもたちは,リンクの隅っこで,最初は両親と一緒に,そのあとは親の見守る中,スケートを練習する.そして天然の氷が張ると,スケート靴を売るお店が急に繁盛する.多くの人は自分にあったス

写真35 冬,たくさんの人が凍った湖沼で楽しむ

ケート靴を持っていないためだ.中古で50ユーロ,最新のモデルは100ユーロ以上で売られている.近年,スケート靴はすべてノルウェー製である.スケートができるようになった子どもは,靴やブーツの下に(通常オレンジ色の)バンドでスケートを結ぶ.数十年前までは大人もそうしていた.他にもアイススケートに関してはいろいろなことがあるが,それらについては

写真 36　冬のランチの定番　豆のスープ，パン，チーズ

インターネットで検索してもらうことにして，オランダの冬についてもう少し述べよう．

アイススケートと少しだけ関係する典型的な冬の食べ物がある．家やカフェなどスケートができる場所の近くで「エルテンスープ」を味わえる[写真36]．オランダ人だけでなく多くの外国人が好むグリーンピース，セロリ，ネギ，豚肉のシチューである（スーパーマーケットでは1年中売られている）．一般的には，その場で作られ，缶入りではない．エルテンスープはしばしば寒い中でも温かく強い身体を維持できるよう黒っぽいライ麦パンとベーコンがセットで提供される．またアイススケート場横のテントでは，クッキーと飲み物のセットがよく売られている．飲み物はアルコールよりはホットチョコレートが多いが，そのほかにもオランダ語でBeerenburg，ドイツ語でJägermeisterという強いハーブベースの飲み物も売られている．

橋［写真37, 38］

オランダには橋がきわめて多い．名もない小さな田舎の排水溝を横断するものから，かつての2つの島を結び州の名前がついている延長5キロのゼーラント橋まであり，総数は誰もわからない．鋼橋は275ほどあり，交通の要所に使われている．アムステルダムには，1500を超える橋がある．多くは運河にかかるレンガ造あるいは木造（郊外や公園緑地における自転車・歩行者用）である．多様な橋があるが，ロープのつり橋はない．中央が開く木造の跳ね橋が多い．17世紀につくられた跳ね橋（ophaalbruggen[4]）は人気があり，ポストカードやポスターで使われている．

歴史的なものではないが，跳開橋（可動橋）も多くの外国人の目に留まる．交通量が多い場所で多く使われる．これらの橋は，船が橋の下を通るときに電気で開閉する．橋の管理人がボタンで操作し，あわせて橋を通る交通信号が制御される．車，自転車，歩行者は再び橋が閉まるまで，（通常，数分間）待っていなければならない．「橋が開いていたから」というのは，オランダ人が遅刻するときに使う典型的な言い訳である．

面白いことに，橋の管理人は，船の通行にあわせて，自転車やバイクで橋から橋へと移動しながら，操作を行う．都市内では，ラッシュアワーが終わるまで，船が待っていなければならなかったり，より効率的に通すため，一団を形成したりするときもある．船は，レクリエー

4）pとhは別々に発音する．つなげてfと発音はしない．

写真 37 ロッテルダムにある旧鉄道橋

写真 38 アムステルダムの郊外と島を結ぶ橋

写真 39 デルフト　中心市街地の運河

ション用の船であっても，この操作のための費用を負担する．田舎では，レクリエーション用の船だけがその場で料金を支払う．橋の管理人が，昔ながらの先端に銅製の容器か木靴がついた長い棒を使って料金を集めているところもある．ヒルフェルスムの 10 キロ西にあるルーネ・アン・デ・フェフト (Loenen aan de Vecht) 村は，こうした写真を撮るのに絶好の場所である（村もとても素敵である）．一方，業務で通行する船は，目に見えないが税金を支払っている．

最後に，オランダには「橋を渡る」という表現がある．これはしぶしぶ負担するという意味があるが，おそらく要塞から橋を渡って出てくることは降伏を意味したことに起因する．

運河［写真 39, 40］

運河を表すオランダ語として 'grachten' がある．たくさんのオランダの都市には運河があるが，運河と川との違いは何か？　gracht は堀を表し，運河は人間が掘ったものであり，川は自然である．gracht またその複数形の grachten は，町や市においてのみ用いられる．郊外部の運河は kanaal あるいは vliet などと記述され，たくさんある．

都市の運河は農村部の排水溝と似ているが，機能は異なる．排水に加え，もとは防衛システムそして都市間の輸送路としての役割を担ってきた．

都市の運河沿いに裕福な商人たちの住宅や倉庫がある．アムステルダムでは，切妻屋根に荷を上げ下ろしするための大きなフックのついた建物が並んでいる．今日，運河沿いの家は，ど

写真40　ユトレヒトの運河は深い

こも改装され，流行りの（高い）アパートになっている．低地のアムステルダム，ロッテルダム，シーダムやハーグの一部は，運河のすぐ隣が道路になっており，運河より80センチほど高くなっている．しかし海水面よりわずかに高いユトレヒトの中心市街地では，道路は運河より5, 6メートル高くなっている．何世紀にもわたり，商人や店主が道路の下の空間を保管庫として使ってきた．ここ数十年，これら多くの保管庫がカフェ，レストランなどに転用された．運河に隣接する werf（荷上場）は人気スポットになっている．

水泳 [写真41]

水に囲まれて暮らすオランダでは，あらゆる面で水とうまく付き合おうとしている．当然，水泳は必須のスキルであり，ほとんどの人は泳ぐことができる（オランダ人は，水辺が大好きな人のことを「水生ネズミ」と呼ぶ）．学校で水泳を習うが，ここ数十年の教育予算の関係で水泳の授業は義務ではなっている．それでも，毎年14人ほどの子どもが溺れる事故が起きており，再義務化への関心が高まっている．個々の学校がカリキュラムにいれるかどうかを決める．教育省は水泳を実施する学校に助成している．授業は屋内のスイミングプールで行われる．両親は，子どもに水泳をさせない権利があるが，いくつかの町では，そのための明確な理由（病気や男女が水着で同じ場にいることを禁じる宗教など）が求められる．

オランダのほとんどの子どもたちは，4歳ごろから水泳を習い始める．先生が生徒たちを

写真41　多くの学校で水泳教室が行われている

プールに連れていき，授業は特別なインストラクターの先生が行う．難易度によりA，B，Cの修了証書をもらえる．子どもたちはそれを誇りに思う．特にライフセービングや着衣水泳などの特別なスキルの修了証書は自慢である．こうしたこともあって，水泳の世界チャンピオンも輩出している．近くのzwembad（スイミングプール）にいくと，しっかり泳ぎますか，それともレクリエーションですか？と聞かれる．また男女混合と男女別の時間帯，さらには高齢者あるいは子どもの時間帯もある．ときには水温が数度高い時間帯があったりする．

　水中でのさまざまなスキルの話に戻ると，おそらく最も難しいのは氷の穴に落ちた時である．練習が容易ではなく，氷が次々に割れたり，氷の下に閉じ込められたりするときもある．低体温症（無意識レベルまで体温が低下する）はきわめて危険な状況である．

水に関連した構造物 [写真42, 43]

　オランダのシンボルについて議論してきたこの章の最後に，橋と水をよく見てみよう．そこには，しばしば，明らかに何かを意味している頑丈なサインや構造物がある．大きな黄色の地に黒く大きな「Z」の文字などが書かれている．白で数字が書かれ，先端が白く塗られている木のポールが立っている．これらはすべて船の交通標識である．Zinkerを表す「Z」は，水中あるいは水底にケーブルがあることを表している．数字は，橋や運河を通行するときの速度を表す．その他の数字は，運河の幅や深さを表している．他にも，絵がかかれたサインもある．いくつかは一般的であるが，その場所固有のサインもある．岸に，英語で「ボラード」あるいは「車止め」と呼ばれる重い木製の滑車や奇妙な金属「キノコ」があるかもしれない．これらは，はね橋や水門が開くまで船を固定するための施設である．これら，私が「水の家具」と呼ぶ施設は，この国が水に囲まれていることを表す1つの側面である．

　ここまで典型的な旅行者にとってのアイコンについて述べてきた．次から，魅力的なオランダ・デルタの探求を始めよう．

写真42　アムステルダムの河川水門にある木の構造物

写真43　ロッテルダムの斜張橋を見上げる

3章
オランダデルタの起源

この章ではオランダのランドスケープがどう形成されてきたかについて述べる．58ページの **図7** 紀元前8000年ごろの北海も参考になる．

　オランダは「若い」国である．国土のほとんどは，変化し続けている北海がつくり，最後の氷河期（最終氷期，約1万年前に終了）以降の地質学的に新しい時代に形成された．川の河口部に位置するのは，アメリカ・ミシシッピ川や中国，エジプト，バングラデシュ，ブラジル，ナイジェリアのデルタと同様である．これらのデルタは1河川が海に到達して形成されているが，オランダでは4河川（ライン，マース，スヘルデ，エームス）からなる．このうち先の3河川は折り重なり合いながら海へとたどり着く．4番目のエームス川は単独の河川である．
　かつての北海は今とはまったく異なっていた．現在問題となっている気候変動は人間が関与しているが，氷河期そして間氷期の海水面の変化は地球の営みである．約40万年前から約14万年前の氷河期，スカンジナビア，シベリア，グリーンランドやカナダが厚い氷に覆われていたとき，海水面はより低い位置にあった．氷河が残した砂の尾根が現存している．国の中央部，ヒルバーサムの近くのヘット・ホーイ（Het Gooi）にある丘がそれである．オランダの一部は氷に覆われていた．そのうち最も標高が高い場所は，ユトレヒトの東にあり，海抜69メートルである．それほど高くないと思うかもしれないが，平らなオランダにおいてはかなり高い場所である．当時は，現在のカナダ北部のような状況であったと考えられる．不毛の砂，ツンドラ植生，半分凍った土壌そしてそうした過酷な環境で暮らす稀少な動物たちがいた．考古学により，約14万年前の比較的温暖な気候のとき，人間がオランダで暮らし始めたことが明らかにされている．海水面は低かったため，北海は今日よりずっと小さく，イギリスは大陸とつながっていた ［図7］．今日遠く離れているライン川やテームズ川は当時陸地の北海盆地に流れ，そこに集まった冷たい水はスコットランドの北東部から大西洋に達していた．これら河川は，現在より川幅が広く，流れが激しく大量の砂・粘土・砂利を運んだ．重い砂利と漂礫土はかなり固い材料でありその場に留まったが，砂は強い風が吹くと移動した．砂，粘土，砂利が重なって堆積し，層をつくった．これらが今日オランダの軟らかい表層の下にある支持層（強固な地盤）となっている．こうした支持層なしには，オランダの高層建築や地下鉄など重たい構造物を支えることはできない ［図8］．

図7 紀元前8000年ごろの北海

1 ドッガーヒルズ（Dogger Hills）
2 シェトランド（Shetland）
3 バイキングベルゲン（Viking Bergen）島

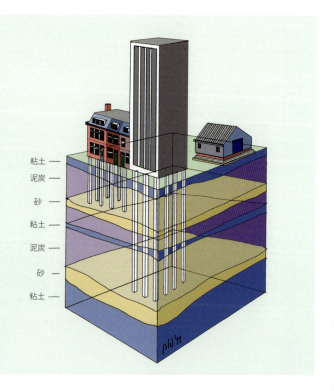

図8 地層と基礎

(上)写真44　かつての泥炭の生産／(下)写真45　定型的な泥炭地の景観

　氷河期が終わると，氷が溶けて海水面が上昇した．イギリスは大陸と分離し，島になった．気温も上昇し，湿度が高くなり，植物が繁殖した．今日の湿地は，前の年に枯れた植物の上に次の植物が成長する，を繰り返してきた場所である．酸素の欠乏により腐敗した植物が堆積して厚い層ができたが，そこは空気や水を含むスポンジ状態であった．海面が上昇するたびに，砂や粘土がこの層の上に重なっていった．水が引くとまた新しい植物が生育した．こうして厚い「レイヤーケーキ」がつくられ，厚いところでは400メートルにもなった．そこは今の北海の海岸線からずっと内陸に入った場所にある．場所によりその厚さはまちまちであるが，オランダ西部のほとんどが該当する．岩盤は深いところにあるため，高い建築物をつくるのは大変なことであった．軟らかい地盤の上につくるための特別な建築技術については後ほど紹介する．

泥炭 [写真44〜47]

　枯れても酸素不足の条件下で微生物などの活動が抑制され，分解が完全には進まなかった植物遺体の堆積物が泥炭（ピート）であり，オランダ語では'veen'という．この単語は，オランダ各地の地名に使われている．アムステルフェーン（Amsterlveen）やワディンスフェーン（Waddinxveen）など，その土地の条件を表している．泥炭は海岸近くまたアイルランドのように淡水の湿地で発達した．したがって，veenのつく地名は，北東のドレンテ州など海岸線から遠く離れた場所にもある．海水面より高いところにある'Hoogeveen'は「高い泥

(上) 写真46　アムステルフェーン　アムステル川の泥炭地という意味
(下) 写真47　アムステルダム北部の柔らかい泥炭地を通るため，重量車両に速度を落とすように警告するサイン

炭」という意味である．

　16世紀以降，アイルランドまたドレンテ州で人々は沼地から泥炭を掘り出し，乾燥させたブロック泥炭を都市に燃料として販売した．泥炭は燃料としての品質はよくなかったが，数百年間使われてきた．その後，より圧縮され，炭素含有量の多い石炭や天然ガスに変わっていった．若い泥炭はエネルギー価値が低く，儲けは少なかった．土としても肥沃でないため農業には向いておらず，アイルランドやドレンテ州の農民たちは1920年代まで貧しい状況におかれた．泥炭をすべて掘り出し，肥料を投入するなど農業の進展により，生活水準が徐々に向上していった．

　約1万年前，スカンジナビアで最後の氷河期が終わったとき，オランダの海岸線は今日より西にあった．北海はゆっくり上昇し，砂丘の裏に泥炭地ができた．干潮時，水が泥炭を通って海に排出された．低地であるため，川のゆっくりとした流れは海までたどり着かず，砂丘の裏でプールのように溜まり，湖を形成した．水は茶色く，泥が混ざっていた（泥炭地の川の例はアムステル川やロッテ川である．それらの川が海まで到達するようになるのは，1200年代になってからであり，ダムを形成して川の名前から町の名前ができた．後でより詳しく述べる）．

　氷河期が終わって以降，オランダの西半分は沼地になった．水の流れは泥炭と浅い湖でカッ

写真 48　陸地から海へ

トされ，また砂丘により海から分離されていた．地表から何十メートルも深い位置に固い地盤があるため，住宅地としてふさわしくなく，実際，人はほとんど住んでいなかった [写真 48]．ここで大事なことがある．当時，ホラントの大部分を占める泥炭地は，海面下ではなく，海面より少しだけ高いところにあった．海面下になるのは，人間が泥炭地で活動するようになって以降のことである．この章では，人間が「介入」するまでを扱う．

　初期の住民は，湿原を探索し，周りの場所と比べて少しだけ条件がよい場所をみつけた．低地では川が自ら土手を築く．洪水の間，砂，粘土，砂利が上流から運ばれ，岸部に堆積し，自然堤防を形成した．異なる重量と密度を有するこれらの素材は，背後の沼地よりもはるかに乾燥しており，そして肥沃であった．人々はより乾燥したオランダ東部に数千年早く住み始めていたが，考古学的知見によると，西部の川沿いの土地には紀元前 5000 年ごろから居住し始めた．彼らは河川の自然堤防の上に簡単な小屋を建てて，家畜を飼い，漁を行う暮らしを始めた [写真 49]．地盤の高いところでは単純な農業が行われた．この河川の自然堤防が模範となり，のちに人間が人工堤防をつくるようになる．今日でも河川堤防の上に住宅が建っているところがある[1]．堤防が家畜の囲いに使われている．このような素朴でロマンチックな古い堤防の家

---

[1] 現在，堤防の上に住宅をつくることは認められていない．しかし，堤防に依存するように建つ古い住宅が今もある．

写真49 テルプ

は，別荘がほしい，あるいは老後を田舎で過ごしたいと考える都市の人々から人気があるが，農業利用は先細りの状況にある．

　ローマ人がこの地にたどり着いたとき，ライン川を北限とした．彼らはこの土地と気候は好きではなかったようだ．おそらくローマに戻る兵士の話だと考えられるが，あるローマ人が「ドイツの低地」について記録を残している．「1日2回海から大きな波がやってくる土地は陸なのか海なのか．人々は丘の上あるいは盛り土をしたところに暮らしている．干潮時は魚を拾い，満潮時は船乗りのようである」．別の人は，雨や霧について不平不満を述べていて，当時から変わっていないこともある．しかし，ローマ人は先住民に敬意を示し，彼らは*Batavi*（勇敢で気高い）と呼ばれた．バータフォーレ（Batavorum）島がローマ帝国に組み込まれ，川の西側はノウィオマグス（Novoomagus）の州都となった．ここがナイメーヘン（Nijmegen）である［図9，10］．

ローマ人の治水事業

　ローマ人は，帝国の北側でも治水事業を行っている．砂丘背後の排水を改良し，川を海につなげるため，ライン川，今のライデンの南からロッテルダムの西のシー（Shie）川までを運河でつないだ．これがコロブロ運河（Corburo's canal）であり，おそらく一度使われなくなり，中世になって再整備された．その経路がハーグのすぐ東にフィレツ（Vilet）川として

図9, 10　ローマ時代（紀元前100年ごろ）のオランダ

1 ユトレヒト
2 ナイメーヘン
3 マーストリヒト
4 フォルブルグ
5 インシュラ・バーターフォレム
A かつてのゾイデル海
⋯ ローマ帝国の北限（ライン川に沿って設定されている）

残っている．ローマ人は運河を使って物資を輸送した．近くの港からイギリスとの貿易が行われた．当時の港町は，ハドリアーニ（Hadriani）やハーグに隣接するフォアブルフ（Voorburg）である．

　ローマ人は，オランダの東側でも運河をつくっている．ライン川とアイセル川を掘ってつなげた．これはドゥルジアナ運河（Fossa Drusiana）と呼ばれている．これにより，ライン川の春の流量を減らし，西側の洪水リスクを低下することができた．またアイセル川はフレヴォ湖につながっており，敵地がその先にあった．

　これらの大規模な治水事業は歴史的にも有名であるが，ローマ人は，水を高いところから一方向に流す単純な木のハッチを有する水門をつくったことが考古学により明らかにされている．このシステムは，オランダの排水溝で今も使われている．他の小規模な事業は時間の経過とともに失われた．ある疑問が残る．ローマ人はドイツの治水技術をオランダに伝えたのか，あるいは既存の技術向上に寄与したのだろうか？

　洪水から生き残るため，人は土を盛って丘をつくった．ローマ帝国の兵士は，悪天候に見舞われたとき，この丘の意味を知ることになった．洪水時でなければ，そうした周囲より数メートル高い人工の丘（テルプ）を意識することはない．そこに居を構えていた者もいるし，いざというとき一時的に避難する場所としても使っていた．平らな土地に暮らすオランダ人は，

3章　オランダデルタの起源

写真 50　1953 年のオランダ南西部を襲った高潮洪水

　わずか 1 メートルの高さであっても，小さな丘のことを berg あるいは bergje と呼ぶ．オランダの子どもたちは砂浜で砂山をつくって遊ぶが，中でも最も低い丘を berg と呼ぶ．読者の中には，気づかないまま小さな丘に暮らしている人もいるかもしれない．例えば，ロッテルダムの高級住宅地ヒレフェスベルフ（Hillegersberg）など．この地名は「丘陵の山」という意味であり，10 世紀，この地の要塞の所有者の妻であったヒルデガート（Hildergard）からきている．もちろん，支配者は当然可能な限り高い位置に要塞をつくったであろう．しかしこの辺りを見回しても山や丘はない．時間の経過とともに（ときには海面下まで）沈下していったためかもしれない．

　一部の読者は，berg（山）という単語に「大袈裟だな」と笑みを浮かべるかもしれないが，昔，わずかの高低差で，湿地か否か，家族，牛や家財道具を運ぶ必要があるかないかが変わったことを考えてほしい．洪水になると，ほんのわずかの高低差の違いが鮮明になった．そうした「山」はきわめて重要であり，人的・経済的被害の低減に寄与した[2]．なので，どうかオランダの山について皮肉らないでほしい [写真 50]．

　ロッテルダムにはヒレフェスベルフのほかに，平らであるにもかかわらず，地名に berg が

---

[2] ゼーラント州では，「vliedbert（山へ逃げる）」と呼ばれた．敵から攻撃されたときのシェルターという意味であった．

付くベルフスフーク（Bergschenhoek）とベルフアンヴァフト（Bergambacht）である．またロッテルダムから少し上流に行くとフィルタイデンベルフ（Geertruidenberg）がある．どうやら昔そのような場所は，基本的な安全が確保される十分な高さがあったようだ．

オランダには *vallei*（谷）と呼ばれる場所もある．他国の谷とは異なり，坂はない．川沿い，周りの土地より少し低いところである．また異なる土質が組み合わされるのは農業には重要であるが，旅行者の魅力を高めるわけではない．

先に紹介したが，テルプは住み続けられる人工の丘である．もともと小さな丘だったところを拡張して作ったテルプが，それぞれ村になった．テルプの造成は困難ではないが，実にたくさんの仕事が必要であった．テルプの頂上には通常村の教会があり，その周りに墓地がある．洪水の間，この村最大の建物が全村民のシェルターとして機能した．牛たちも教会の周りに避難した．遠くからみると山の上の教会は，ボートのマストのようにみえる．

自分でやれ

オランダ人は自分たちで治水事業を行った．対照的にアジアの場合は，多くが「神」や専制支配者が米生産を最大化するために灌漑システムをつくった．オランダには，米も中央政府もなかった．現在のオランダの領土は，小さな中心地が長い時間をかけて統合してできたものである．ローマ帝国，フランク王国，神聖ローマ帝国，ブルゴーニュ州やハプスブルク帝国のいずれも，この低地を周辺の悲惨な湿原という見方しかしなかった．1200年代まで国全体の支配者は登場しなかった．そのため，初期のオランダの農家や漁家は独立していた．金融，技術，経営もなく，権力組織にも頼ることができなかった．唯一，彼らと一緒に暮らし，何が必要かを理解する聖職者が，水管理のアイデアを実現するために集団を組織して救助にきた．それが禁欲生活様式を行うシトー会修道院である．

テルプは，オランダにおける自然への最初の「介入」であった．これは危険から逃れる単純かつ基本的な行為であった．次のステップは，より論理的である．早い段階から，テルプは堤防とかかわりを持っていた．堤防は洪水時に役に立つのみならず，その水から肥沃な粘土分を取り出すことができた．堤防の下部は，海に水を流すことができるようになっていた．考古学では，堤防建設はローマ時代までさかのぼるが，そうした地元の知恵がローマ人に刺激を与え，改良に向かわせたであろう．

4世紀ごろ，ローマ人がこの地から撤退し，基本的な水管理システムは崩壊した．海水面が上昇すると水問題が顕在化した．西暦1000年ごろから人口が増加し，土地の必要性が高まった．修道士の指示のもと堤防システムの拡張が始まった．粘土，泥炭，砂の平らな国では，堤防の建設に岩を使えなかった．そこでオランダの堤防は，テルプ同様，これらの材料や泥でつくられた．表面から草が生えるため，羊が飼われることもしばしばあった．岩や金属などはなかったし，もともと使われなかった．かつては木や牛革も使われた．しかし，これらは水位が

写真51　ブロックを用いた堤防の強化

低下し酸素に触れると腐敗した.

　結果として，自然素材でつくられた堤防の弱さがよりよい技術開発につながった．満潮時や洪水時，堤防の一部もしくは全部の強度が低下し，すべり破壊を起こす可能性がある．自然の力がまとまってある一点に集中するときも堤防が破壊することがある．信頼できる堤防をつくるために，いくつかの技術が必要となり，長い時間をかけて技術が開発された．

　1つは，堤防の基礎である．しっかりと下層土に固定する必要があった．記述されたものがないので推測するしかないが，最も重量が重い材料である粘土が使われたと思われる．粘土はオランダ各地の海辺や川辺で確保することができた．肥沃ではあるが，農家は鍬がうまく入らないことから，堤防建設に使われた．

　しかし，波が繰り返し襲ってくると，粘土の堤防は損害をうける．そこでもう1つの技術が加わった．木の杭を粘土の堤防の前に打ち，波の力を弱めた．またワラのマットを敷いて水の吸収を促進し，粘土をより重くした．その後，柔軟かつ強いヤナギの枝で織ったマットを用意し，そこに粘土の塊を入れてしっかり固定した．これらのすべての技術は試されて普及していったが，それらは現在でも使われている．1970年代のデルタワークスの巨大なダム建設では，ヤナギの枝ではなく，鋼を編んだマットが使われた．木の杭の代わりに，輸入された花崗岩の大きなブロック，コンクリートとアスファルトのスラブが堤防の足元を保護している［写真51, 52］．現在は，さらにいろいろなことがなされているが，中世のオランダの保全システム

写真52　堤防強化工事

の話に戻ろう．

　最初の堤防は，単に自然堤防をつなげたものであった．しかし水は低いところへ流れる．方向は関係ない．そのため，嵐や洪水が起こると，たとえある堤防の背後であっても，すべての堤防がつながり閉じていないと浸水した．したがって，堤防をつなぎ，適切に管理する必要があった．あわせて，ゆっくり流れる泥炭地の排水システムについても考慮する必要があった．低地の堤防には，余分な水を排出する穴も必要であった．*duikers* というシャッターのついた木のパイプが堤防を貫通していた．干潮時にそのシャッターを開けて水を排出し，逆に満潮時は閉めて水が入ってこないようにした．現在でも同じ設備がある．より大きな水門（sluice）もつくられた．この水門は木製のドアのセットであり，排水溝や運河の末端に設置された．外側の水位が高いときは，ドアは閉められており，水位が低くなった時に開けられる．これにより余分な水が排出される．当時は重力に反して水を高いところに運ぶ技術はなかった．これについては後述する．

　穏やかな水の周りに堤防がつくられると，その周りに海や川からの砂や粘土の堆積物が溜まった．1300年代のかなり原始的な技術で，北フリースラントのミドル海（Middlezee）の入り江や南西部にある島々の間や近くの干潟に土地が生まれ，新しい町や村がつくられた．

　水位が制御されるようになり，人口が増加し始めると，土地需要が増加し，堤防背後の低く湿った泥炭地が着目された．必要かつ可能な時に水を排出すると，泥炭地は少しだけ乾燥し，

3章　オランダデルタの起源　　　　067

開発しやすくなった．燃料になる表層の泥炭が掘り出されると，乾いて沈下し始めた．濡れていた台所のスポンジが乾いて収縮する状況を考えてほしい．

台所のスポンジとは異なり，土の収縮は必然的に地盤の沈下を意味する．泥炭の新しい層を得るために，水を排出して水位を低くした，そしてこのプロセスが繰り返された．その後，排水はポンプで行われるようになったが，このプロセスは今日も続いている．オランダでは人間の介入により土地が沈下している．いいかえると，オランダ人がホラントを海面下にしたのだ．パラドックスであり，問題でもあるが，土地の沈下はリスクを高め，水を一層排出なければならなくなった．悪循環である．水を排出すればするほど，土地が沈下し，さらに水を排出しないといけなくなった．無限ループである．「水を排出しないと，溺れるぞ」[3]という表現がある．

初期の水管理 [写真53]

1200年ごろ，低地の国に，ホラント伯爵，ユトレヒトの司教，フェルレ（Gelre）公爵など地方の政治体がつくられた．まず，政治的支配者は，土地の安全性の向上を図った．しかしすぐに水管理のためには特別な組織が必要だと考えられた．これが水委員会の始まりである．水委員会は，今日でも存在する．次章で詳しく紹介するが，当初から土地および住宅所有者は，地域の堤防や水門の建設および維持管理さらには補修に貢献することが求められた．当時のスローガンは，「水を恐れる者は，水と闘わなければならない」であり，オランダ語の韻[4]を踏んでいる．いいかえると「責任を持て」である．詳細については述べないが，単にお金を払えばよいというのではない，財産にかかわる堤防の特定の区間では，堤防パトロールや補修など具体的な肉体労働を求められた．しかしながら，洪水のような重大な水問題は，財産や政治的境界で分けて対応しても意味がない．そのためさまざまな水委員会が一緒に共同作業を行った．徐々に水委員会は広域化していった．ホラントの郡では，指導者は伯爵が任命した．水委員会の高官も *dijkgaard*（堤防伯爵）と呼ばれる．この名称と業務は今も存在する．その後，水事業にかかわってきた人々が直接選挙で *dijkgaard* を選ぶようになった．

外国からの訪問者が私にこう質問する．「低地のオランダでは川は上に流れているのではないか？」もちろん，そんなことはない．自然の法則にしたがって川は海に流れている．では実際どうやって川の水が海に到達するのか？ 2つのことを頭に入れておく必要がある．河床は泥炭ではなく，粘土，砂，砂利の固い河床である．そのため，河床は沈下しない．また周囲の沈下はゆっくり生じるので，河川堤防を管理して溢れないように管理することができる．オラ

---

3) この表現は，中世，都市の運河にそって半分水の下に刑務所が配置されており，その受刑者が，生き残るために水を排出していたことからきている．

4) *Wie water deert, die water keert.*

ンダ西部の海面下の場所を，川の水が実際どう流れているかを見てみるとよい．強い堤防によって水位が保たれていることがわかる（地質学的に別のプロセスは国の西部における大陸棚の沈降である．非常にゆっくりとした動きであるため当分の間危険ではないが，長期的には深刻な影響を与えるかもしれない）．

相対的に軟らかい材料であるため，堤防の勾配は急ではない．堤防を高くする場合は，基礎の幅も広くしないといけない．したがって，この国の最も重要な堤防は，高いだけでなく広い．安全の基準は水が堤防を乗り越える確率で示され，「1/250（250 年に一度）」などと表現される．のちに見るように気候変動はこの基準にかかわる重要な要因である．

中世の後半には，堤防の改良により土地の物理的な安全性が高まった．水位を一層制御できるようになり，泥炭をさらに掘り出すことができ，そこは湿っていて肥沃ではなく農業には向いておらず，燃料もしくは塩が取り出された．12世紀，ホラント伯爵や他の貴族ら土地所有者たちは，修道院とともに，近くに住む「領主から独立した」農家に泥炭の沼地を売り始めた．その際，財産権は契約の中で調整された．このシステムは開墾（cope-reclamation）として知られるようになった．ユトレヒトの西の低地の町や地域，ボスコープ（Boskoop），ニューコープ（Nieuwkoop），レイヤースコープ（Reyerscop），ヘイコップ（Heicop）などの起源となっている．泥炭の下に，よりよい土壌があったが，それを使うためにも水位を制御する必要があった．次にこのことについてみていこう．

中世の新しい土地所有者たちは，近隣の人たちと協力して水を制御するために共有の泥炭地の周りに簡単な堤防をつくった．通常の土地の配分は，幅 113 メートル，長さ 1250 メートルが単位であった．排水後，泥炭を売り，さらにその後で農業が行われた．作物は泥炭地ではあまり成長しなかったが，草は育った．そのため牛が放牧され，牛乳生産が行われた．

今日，この地を旅行したり，空から見たりすると，堤防から長い短冊状の土地が広がっていることがわかる．円形に近いもとの沼地には，長い三角形の土地がつくられた．20 世紀になり土地の細分化が進展したが，今でも残っている．グーグルアース（Google Earth）でユトレヒトの北西のゼッフェルト（Zeqveld）やデ・ロンデ・フェーネ（De Ronde Venern）（円形の泥炭）という自治体にあるヴァファーフェーン（Waverveen）をみてみよう．矩形の土地が多いが，排水溝とセットでオランダの整然とした外観をつくっている．

オランダの堤防は，13 世紀にはヨーロッパで有名になっていた．国の中心部では，ほとんどの水は制御され，新しいシステムが開発された．低地の堤防と並行して，排水溝が堤防の両側に掘られ，排水が行われるようになった．両側の高さの差はわずかであり，外側の水位が低いときにハッチが開けられ内側の水が排出された．実験を重ね，1400 年代の初めごろ，ある人が風車を使って水を排出することに成功した．すでに風車を使ってどのように水を 1 メートルくみ上げるかについては説明したが，沼地はこの技術で十分であった．風車による排出は，多くの場所で農業の安定化に寄与した．改良が重ねられ，湖の水も排出された．風車により，有名なオランダのポスターシステムの第 1 ステップができた．詳細については後述する．

写真 53　第 2 河川堤防　これと第 1 河川堤防の間の土地は，洪水時に浸水する

こうして農業に不向きの泥炭は多くの場所で掘り出された．運びやすいようにブロック化され，（質の悪い）燃料として，薪が不足する町で売られた．泥炭の下には作物に適した土があったが，そのためにも水を排出し続ける必要があった．浅い沼地の干拓は簡単であり，最初に行われた．そのあとで，風車を使ってより深い沼地の干拓が行われた．

　アフリカからの訪問者がかつて私に，海が仕返しをしてこなかったのか？と質問した．奇妙な質問に聞こえるかもしれないが，その人の質問は適切である．そのとおり．海は仕返しをし続けた．さまざまな原因により，中世，海水面が上昇した．かつては安全と思われていた陸地も水のリスクが高まった．多くの村や修道院が波にさらわれた．最も水位が高くなるのは，嵐や洪水である．オランダの伝説と歴史の半分は，災害や何千人もの人々が亡くなったことを伝えている．

　中世は宗教が日常生活を形づくっていたため，不確実な自然により，人々は神を恐れ，敬虔さをもっていた．洪水は罪に対する神の罰であると人々は信じていた．そのため大洪水には，神の名前が付けられた（聖トーマス洪水，聖エリザベス洪水など）．洪水の発生年はわかっているが，正確な犠牲者数，経済的損害の規模，水位などは記録されていない．1421年の聖エリザベス洪水は最悪であった．国の北西の半分が浸水し，塩水が農地に入り，農業に被害を与えた．北ホラントでは，アルクマールの北西の小さな砂丘が流された．恐怖やショックを後世に伝えようと，正確ではないが，およそ10万人が犠牲になったといわれている．この数字は当時の人口から考えると大袈裟だと考えられるが，大災害であったことは間違いない．その当時，過去最大の洪水であった．

　1421年の聖エリザベス洪水は，内陸のユトレヒトまで到達している．ダウンタウンの通りはキントフェンシャーフェン（Kintgenshaven）である．ゆりかごのバランスを保ち赤ちゃんを守った猫の伝説からこの名前が付いている．同様に，ロッテルダム近くの風車群，キンデルダイク（Kinderdijk 子どもの堤防）も似たような背景を持つ［写真54］．

　いくつかの洪水の跡は今も見ることができる．ドルドレヒトの南東に，内陸のデルタ，ビースボシュ（Biesbosch）がある．肥沃な農地，フロート・ヴァート（Grote Waard）と呼ばれるポルターは，聖エリザベス洪水により，集落，農地そして堤防も破壊された．オランダでは一般的ではないが，この地域は放置され，再び干拓されることはなかった．潮の沼地になり，マングローブのような植物，野鳥，ビーバー，カワウソなど水生動物の宝庫になった．アメリカ・ルイジアナ州のbayouのオランダ版である．洪水のあと，ここはビースボシュ（葦のブッシュ）と改名された．

　沿岸の防護は砂丘への砂の連続的な供給によりなされているが，海岸線は脆弱なままである．1570年，嵐は北ホラントの砂丘に被害をもたらし，強い堤防がつくられた．この海岸堤防は消失した村の名前をとってホンズボシェ・ゼーヴィリング（Hondsbossche Zeewering）と呼ばれている［写真55］．強化とかさ上げが何度も何度も行われ，人工的な海岸線がつくられた．玄武岩とアスファルトの巨大で頑丈な壁が5.5キロ続いている．砂の侵食を防ぐため，突堤が

写真 54　キンデルダイク

作られている．さえないが，印象的な壁になっている．近くには，ズワンネヴァータ（Zwanenwater）（白鳥の湖，チャイコフスキーのものではないが）という素晴らしい自然地がある．ぜひ訪れてほしい．

起きている，寝ている，夢見ている

　嵐や洪水への警戒態勢について適切に述べるには，北ホラントの1か所ではなく，残りの堤防についても述べておく必要がある．堤防には起きている，寝ている，そして夢見ている，の3タイプ[5]の表現がある．夢見ているというのは，海から遠く離れ，あまり到達することがないバックアップ堤防である．古いものもあり，ほとんど目立たない．その他の堤防は無視されているわけではないが，関心が持たれているのは，起きている堤防である．十分な高さと幅がある．定期的に検査が行われているが，堤防の維持管理予算の削減は，経済状況が悪いときでも議論されることはない（当然必要な支出と考えられている）．

　16世紀中ごろからの海水面の上昇とともに海岸線はゆっくり内陸に移動した．海が荒れると塩分を伴った波は最も低い砂丘を超える．すると，淡水が汽水となり，泥炭の基盤を破壊す

---

[5]　これらの単語は昔から使われている．夢見ているというのは，より深い眠りの状態を表す．

写真 55　ホンズボッシェゼーウィーリング（The Hondsbossche Zeewering）　オランダで最も古い海岸堤防

る．海が穏やかになると，泥炭の水は浸みこむが，沼地の水は停滞する．地下水はゆっくりと干潟へと流れていく．これはフランスのリ・ノード（Les Landes）の夏に似ている．数百万の渡り鳥の楽園となっているが，当時はそれ以上の場所であったに違いない．

海からかなり離れた砂丘と陸地の間にある湿地帯に大きな湖があった．ローマ人がここに来たとき，それを「ラークス・フレヴォ（Lacus Flevo）[6]」と名付けた．のちにドイツ語を話す人たちから'Aelmere'と呼ばれたイール（Eel）湖である．海とつながっていたことから，おそらく汽水湖であったと考えられる．沼地のデルタにある湖，アメリカ・ニューオリンズ近くのパンチャトレイン（Pontchartrain）湖，エジプト・アレキサンドリア近くのマンザーラ（Manzala）湖，ルーマニアのラジーム（Razalm）湖に相当する．

13，14世紀の厳しい嵐により，状況は変わった．北海はノルウェーとスコットランドの間の北西部が広がったが，南側の出口，ドーバー海峡は狭いままであった．そのため，ほぼ毎冬，北西部での嵐の際，通常の洪水時の水位より数メートルも高い波がオランダの海岸線に押し寄せた．大嵐のときには，海水が一連の砂丘，背後の泥炭を乗り越え，島々をつくりながら，内陸の大きな湖まで到達した．当時，燃料や塩として使われていた泥炭が海に流出し，海と湖の接続部が拡大した．繰り返される嵐により，湖は塩分濃度が高まり，河口部になり，脆弱な軟らかい土壌をもつ国土の中央部を侵食していった．

対照的に湖の北側には島々が形成されていった．この新しい海域は，ゾイデル海（南の海）と呼ばれるようになった．北海は漏斗のような形をしており，北から入ってきた海水の出口はドーバー海峡のみであった．オランダ沿岸の浅瀬には嵐の間，波が繰り返し押し寄せてきた．船は危険にさらされ，湖が内海になった．海岸線沿いの堤防は何度も破壊され，村が消え，島だけが残った．数世紀が経過してゾイデル海が干拓されると，かつての村の残骸が発見された．この神話的なことから，新しいフレヴォラント州という名前が付けられた．アルメレという新都市の名称はかつての湖から付けられている［**写真56**］．

以上が16世紀までの状況である．洪水が何度も発生した．堤防が破壊され，疫病も流行った．フランダース地方のブルージュなどでは河口の港が砂で埋まり，経済的に衰退していったが，その分，周りの都市にチャンスが回ってきた．ハーグに近いスヘフェニンゲン村の3分の1は，1570年，現存する中央の教会を残して高波にのみこまれた．北海沿いの低地は，潮の干満や天候の影響を受けた．当時の技術的，財政的な制約により，この脆弱な状況を改良することはできなかった．新しい土地をつくりたいと考える人間と海水面の上昇の間での競争は，後者のほうが強かった．海は常に勝者であり，土地は日に日に縮小していった．

しかし，17世紀に入ると，技術的そして経済的に大きな変化が起きた．このことを次に紹介しよう．

---

6) Flevoはラテン語で，「内陸にある水」という意味である．

写真56 真冬のアイセル湖 気候変動により近年この光景はめったに見られない

4章
海がつくり出したホラント

17世紀の大きな変化 ── オランダの黄金時代 ── に移る前に，これまでの章で述べたトピックに関連する，いくつかの訪問する価値のある場所について紹介する．

オランダを旅すると，国土，少なくとも西部のホラント（1章図2参照）はパンケーキのように平らであることがわかる．この章ではその理由を紹介する．そのほとんどは海が形成した．しかし，よく見ると起伏はある．外国人がなんとも思わない起伏は，オランダでは特別である．海に沿って砂丘があり，その高さは北アムステルダムで54メートル，ハーグの近くで31メートルである．内陸には氷河期に作られた丘がある．ヒルフェルスムの近くで31メートル，ユトレヒトの東で69メートル，アーネムの近くは106メートルとなっている．これらの「高い」土地はどこも高級住宅地となっている．そして多くの外国人が高い土地で暮らしている．ホラントにおいて，乾燥し森になっていた高い土地は，裕福な人々が暮らしてきた（古くからオランダでは湿度は風邪からリューマチなどあらゆる病気にとってよくないと考えられている）．17世紀にはすでに裕福な商人たちが，夏，アムステルダムの悪臭（当時，アムステルダムは「息の臭い美人」と呼ばれていた）から逃れて，農村部の水辺，例えば市の最南端のフェヒト（Vecht）川に沿って建てられたマンションに移住した．トラムと鉄道の導入により，より多くの市民がそうした健康的な地域に住み，通勤するようになった．またハーグでは，鉄道の西側とヴァサナー（Wassenaar）付近の砂地の高い土地がそうである．しかしロッテルダムにはヒレフェスベルフとクラリンゲン（Kralingen）しかない．これに関連してロッテルダム市民は，生活，文化，芸術を楽しむことよりもつらい仕事を好むといわれている．アムステルダム市民は，ハールレムの西の町，ブローメンダール（Bloemendaaal），オーファーフェーン（Overveen），アーデンハウト（Aerdenhout）とブッスム（Bussum），ラーレン（Laren），バールン（Baarn）を含むヒルフェルスム地域の間から選ぶことができた．ユトレヒトの人々は，ゼイスト（Zeist），ドゥリーベルフェ（Driebergen）（3つの山）やドールン（Doorn）のような東部の丘に居住した．いずれも現在スタイリッシュな地区となっている．

この高い土地を好むという歴史は長い．地図をみると，ホラントの海岸の背後に，デルフトからデン・ヘルダーまで都市が一列に並んであることがわかる．これらの町は，内陸の沼地とは異なり，いわゆる「古い砂丘」の上に発達した．中世ホラント伯爵の領地になったここは海

岸沿いの砂丘の背後の砂地の地盤であった．海から離れ，風や潮の影響が少なく，砂と粘土が混ざった農業に最適な土があった．

チューリップの土

17世紀，オランダ共和国にチューリップが輸入されたとき，砂と粘土が混ざった土が農業に最適であることが知られていた．そしてこの新しくかつ儲かる商品作物を育てる場所としても選ばれた．今日でも，キューケンホフ庭園を含む砂丘と湿地の間の場所で，チューリップ畑を見ることができる．20世紀，花き産業は，北部のアルクマール周辺やかつてのゾイデル海のポルダー干拓地にも拡大した．

この地域がよいというもう1つの理由は，比較的地盤がしっかりしており，住宅や道路をつくりやすかったということである．オランダの海岸に沿って並ぶ一連の町は砂や泥炭と比べて地盤がしっかりしている．そのよい例は，ハールレムである．この名称は中世にハロフェイム（Haaloheim）（砂地のブッシュにある荘園）と呼ばれたことに起因する．スパールネ（Spaarne）川沿いに発展した．またハーグの長い正式な名称（'s-Gravenhage）は，砂丘にあったホラント伯爵の敷地からきている．そして先にみたように，砂丘にある水は，ホラントにおける最も利用しやすい水であった．砂丘の一部は，今でも飲料水の供給場所となっている．ハーグにおける飲料水を供給する砂丘は，ヴァサナー近くのメイエデル（Meijendel）であり，その一部は恒久的に立入禁止となっている．

給水塔 ［写真57］

平らな土地では水圧はない．そのため，19世紀，上水道システムがつくられたとき，家の蛇口で十分な水圧を保証するため，水貯留施設は高い位置に作られなければならなかった．当初鋳鉄でつくられたが，重たく巨大であるため，錬鉄の屋根とレンガの壁をもつ給水塔がつくられた．オランダでは決して特別ではないが，他国の給水塔とはまったく異なっている．オランダでは土木施設と建築に区別はない．そのため，軍事施設のように見えるものからアールデコ調のものまで興味深いデザインや形を有する施設がつくられる．今日ではポンプアップされるため，多くの給水塔は使われなくなっているが，特徴的な塔は撤去されずに残されており，現在国内に約170ある．そのいくつかはリノベーションにより，レストランに改装されたり，アパートとして使われたりしている．

オランダの芸術家たちは，長年，この海岸沿いの細長い地域を高く評価してきた．ハーグにある「パノラマメスダッハ（Panorama Mesdag）」では，19世紀後半のスヘフェニンゲンの海岸の風景を360度のパノラマで眺めることができる［写真58］．実際，多くの芸術家たちが明かり，美しい漁船，水の動きなどを描いた．1900年ごろ，北ホラント州のベルフェン

写真57　19世紀の給水塔

(Bergen)，ゼーラント州のドンブルフ (Domburg) などに芸術家たちが集まって暮らす場所が生まれた．建築家，文筆家など知的な人たちが夏に多く集まった．シックなホテルがあるドンブルフは，地元のお金持ちのみならず，貴族や王族も含め，外国人にも人気があった．芸術的でシックな雰囲気は，今日も残っており，砂丘はレクリエーションに盛んに使われている．

　砂丘は不毛な砂漠のような場所から原野や森林が混ざったような場所まで多様である．小さなサバンナのような印象をうける場所もある．この多様性が，植生，動物などの生息地の多様性をもたらし，多くの自然観察者を集めている．きのこ，小さなラン，キジ，キツネや貴重な鳥たちに出会うことができる．

　長い間，農業に役に立たないと考えられてきた砂丘は，狩りや薪採取以外に使われることはなかった．19世紀になって，肥料の登場とともに開発が始まったが，幸運なことに，そのユニークな自然がすぐに認識され，高く評価されるようになった．ただし，飲料水のくみ上げにより，たくさんの小さな湖の水がなくなり，生き物たちの天国を奪うという不幸な出来事があった．現在，所有者は保全に力をいれており，「カエル谷」や「鳥の湖」といった名前がつけられて復活した湖もある．メイエデルやハールレムの西にある砂丘「ケネマダウネン (Kennemnerduinen) 国立公園」でそのいくつかをみることができる．この国立公園では，安い入場料を払えば，砂丘，隣地，鳥たちのいる湖，自然そしていくつかのレクリエーション施設を散策することができる．手つかずの砂丘が見られる他の場所は，ランドスタット地域からは

写真58　パノラマメスダッハ　全長120メートルの円形の絵画

少し離れている．ロッテルダムの南西の島々の先端，アルクマールの近く，そしてワッデン海の島々．そこでは，何時間もかかるハイキングや自転車ツアーを体験することができる．夏の海岸はとても混雑しているが，静かな砂丘をハイキングすることはとても気持ちよい．

貝殻の利用

　国中の砂地にある自転車道をよく見てみると，貝殻が「舗装」に使われている．降雨時に泥になったり，乾燥して風で舞い上がったりしないよう砕かれた貝殻が路面を良い状態に保っている．内陸部においても貝殻をみかけることがある．そうした場所は，かつて海水面が高かった時に海岸や砂浜であった場所である．

　砂丘は，レクリエーションの場所として素晴らしいだけでなく，他にも重要な役割を果たしている．自然の堤防として海からの脅威を守っていることである（ところで，オランダで海はzee (sea)であり，oceanとは呼ばない．オランダ人にとって，oceanは，ブリテン諸島よりはるか遠くの海を意味する）．砂丘が国の安全性を守ってくれていることはきわめて重要であり，立入は多くの場所で制限されている．でないと，マウンテンバイクやハイキングの人たちが，自然の「スーパー堤防」に損害を与えることになる可能性が高いからである．砂丘には希少種の草も存在している．オランダ語で'helmgras'と呼ばれるイネ科の草 "maaram grass" もしくは "beach grass" は，深く密生した根茎により砂を安定化させるのみならず，飛んでくる砂をためて新しい砂丘を形成することに役に立つ［写真59］．砂丘の上に小さな丘をつくりだす．そのため，砂丘の保全と管理は，海からの脅威に対抗するオランダの防衛システムにとってきわめて重要である．

　多くのオランダ人がよくやるように，砂丘を駆け下りて砂浜に行ってみよう．オランダの砂浜は，地中海の砂浜とは比べられないが，とても魅力的であり，オランダやドイツからたくさんの人々が訪れる．幸い，彼らの目的地は特定の場所そして夏と限定されているため，残りの場所や時期には広いオープンスペース，美しい空，人工物のない水平線などがみられる．オランダの砂浜は，ほとんどが西部にあるため，ドラマチックな夕日がみられる．また西風がつくる波は多くのサーファーたちをひきつける．たくさんのオランダ人が，天気の良い冬の日，暖かい服装をして砂の上を散歩したり［写真60］，日光や波の音を楽しんだりしている．冬でも，多くのカフェが営業をしており，ホットチョコレート，アップルパイ，ホットスープや温かい

ワイン（ドイツ語でglühwein）など冬の定番メニューを提供している.

　夏，オランダの子どもたちは，砂でお城や堤防のレプリカをつくり，大きな波がきてそれを壊してくれることを（ひそかに望みながら）待つ．凧揚げも伝統になっている．スポーツ好きの大人は，サーフィン，ウィンドサーフィン，ブローカート（ランドヨット）など風まかせのスポーツを楽しんでいる．海水温は8月後半摂氏20度近くにまで上がるが，2月は摂氏4度まで低下する．ほとんどのオランダ人は，水温が摂氏16度になったら泳ぎ始めるが，お正月は，何千人もの人々がスヘフェニンゲンの砂浜に集まって，伝統行事になった新年初泳ぎを楽しむ［写真61］．ソーセージやスープで有名な食品メーカーUNOXがスポンサーで，温かいタオルと服を準備している友達と一緒に参加する，とても楽しいイベントである（古くからの伝統ではないが）．他にも6日間の歩行キャンプツアーが7月，ホラントの砂浜を使って行われている．デンヘルダーからホーク・オフ・ホラント（Hook of Holland）まで140キロを，太陽を顔

写真59　「新しい」砂丘

写真60　風を楽しむ若者たち

写真61　スヘフェニンゲンの新年初泳ぎ

に北風を背中に受けながら（そして砂浜そばの浅瀬でエビを採取するボートを見ながら）歩く．

警告

　北海では，一時的にまっすぐ沖へ向かう速い流れ，離岸流ができる．夏，ビーチの警備員が赤い旗を掲揚すると警告を意味するが，彼らは町の近くの混んでいる浜辺にしかいない．毎年，外国人を含む多くの海水浴客が溺れているので注意が必要である．

　もう1つの迷惑は，よい天気が続いた夏，東風によってもたらされるクラゲである．実際にはそれほど危険ではないが，この青いぬるぬるした生き物に触れると，かゆみや腫れを引き起こす可能性がある．酢はその症状の緩和に役立つ．

　オランダの海岸でのもう1つのリスクは，自然とはあまり関係ない．他の北ヨーロッパの国々と同様，オランダ人は日光を切望する．オランダ社会はリベラルであり，タブーはほとんどなく，砂浜での女性のセミヌードも広く認められている．そのため，トップレスの女性を多く見かけるかもしれない．ただし若いとは限らない．最も人気のある砂浜から遠く離れた場所には，公式なヌードビーチがあり，男女ともに何も身に着けていない．'Naaltstrand' という標識があるので注意するとよい（もちろん，参加してもよい）．服を着た見物人は白い目で見られる．

　海岸にしばらくいると，干満の差を見ることができる．その差は，北西にあるデン・ヘルダーで約1.5メートル，北海が英仏海峡に近づいて狭くなっている南西部では3メートルを超える．オランダの海岸は水平であるため，垂直のみならず水平方向にもその差が生じる．満潮時には何十メートルも砂浜が狭くなる．海に入る際には，タオルをどこにおくかにも注意を払うべきである．

　海水面の高さは，オランダの国土管理における重要な要素の1つであり，公的に標準が定められている．NAP（アムステルダム標準水位）である（このPはpeil〔レベル〕という意味である）．これは，1683年，アムステルダム港における長期平均満潮位に基づき設定された．しかし，その港はもう海とは直接つながっておらず，さらに海水面はその後上昇した．そこで，今日のNAPは，平均満潮位と平均干潮位の中間をとり，国の観測地点すべての満潮および干潮が基準として用いられている［**写真62, 63**］．一般的な水収支の計算のみならず，道路，トンネル，橋や下水道の建設の際にも使われている．今日ではGPS技術も利用し，実際の海水面の高さの変化に従って正確な位置座標が定められている．オランダの標高基準であるとともに，隣接する西ヨーロッパ諸国の標高基準にもなっている．

　アムステルダム，ヴァタロプレイン（Waterlooplein）フリーマーケットのすぐ横，タウンホールのメイン廊下に，NAPについての面白い「記念碑」がある．NAPビジターセンター（bezoekerscentrum）では，さまざまな地層をもつ都市の断面図が展示されている．その中央にあるオブジェクトの柱の上に青銅のボルトが置かれている．そのボルトに手を置いた位置，そこ

写真 62, 63　NAP（アムステルダム標準水位）を示すサイン

がNAPを示している．本物のNAP計測デバイスも，長い棒に似たような青銅製のボルトがついている．アムステルダムのダム広場より幾分高い，見えないところに固定されている．

　水路に沿ってオランダには，約5万のNAPの標識がある．そこでも通常青銅のボルトが使われている．オランダでは排水区域はモザイク状になっており，水位が常に制御され，特定の場所の特定の時間の水位を把握しておく必要があった．水位は場所ごとに，また季節また天候により異なっている．ボルトを探すより簡単に海抜を知る方法は，橋や水門近くの青い「定規」を見てみればよい．そこでもNAPあるいはNAPとの差が示されている．

　このNAPシステムは，オランダが長年開発してきた巨大な水モニタリングシステムのほんの一部である．このシステムには2つの組織がかかわっている．

- 水委員会：地域の水を管理する組織
- 公共事業局[1]：政府の出先機関であり，足を乾かし，清潔さを保ち，十分な水を，早く，安全に流す事業を行う組織

　水委員会は，道路，地下室，庭における地下水レベルを制御するとともに，水の浄化，堤防

1）　reyks-water-staat レイクス・ヴァーター・スターツと発音する．aaは，fatherのaと同じ発音である．

そして一般的な水管理を行っている．オランダで家を買ったり借りたりすると，毎年水委員会税を支払う必要がある．このよくわからない組織への納税義務は余計な支出と感じるかもしれないが，実際はきわめて重要な役割を果たしている．

前の章で述べたように，この組織は中世の土地所有者たちがつくった．技術者が技師（設計図から現物をつくる人）とエンジニア（アイデアから設計図をデザインできる人）にわかれているように，徐々に体系化が進んだ．水委員会の長は，ダイクフラフ（dijkgraaf）[2]（何世代もあとになって，姓の1つになった）と呼ばれる．時がたち，水委員会間の協調が行われるようになり，管理区域が拡大していった．その場所に暮らす人はみな，水委員会への負担をして，水委員会は裕福になり，また水バランスを崩す行為を禁止する権力をもつようになった（2010年，直接選挙制が変更され，自治体自らが委員会メンバーとなるようになり，都市部居住者や非農家の投票権が弱くなった）．技術も大きく進化した．風車から蒸気機関になり，さらに現在の電動あるいはディーゼルエンジンのポンプになった．ポンプ基地は，フマール（gemaal）と呼ばれ，窓から大きなポンプを垣間見ることができるレンガやコンクリート構造物になっている［写真64］．

当初男性のみが選挙権を有していたが，13世紀から続くオランダの水委員会は，現存する最古の民主的機関である．選挙を通じて，オランダ国民は自分たちが治めているということを実感する．発議したり，よくない方向に進んでいると考えれば異議を唱えたりしてきた．この水委員会に関心があれば，グーグルで'waterschap'と検索するとよい．たくさんの情報またあなたの住んでいる住所の水委員会がわかる．連合組織もあり，dutchwaterauthorities.com/ では英語での情報も紹介されている．

水委員会は地域ごとに運営されてきたが，収入が増え，広域化され，2016年現在23組織となっている．何世紀もの間，オランダ共和国では地域ごとに異なることをよしとしてきた．1800年代，フランスに占領されて以降，中央政府の権限が強化され，水管理に関しても水総務局という国家組織がつくられた．現在は，公共事業局（*Rijkswaterstaat*[3]）となっている．オランダにおける海・水問題全般を扱っている．

公共事業局は巨大組織であり，9000人以上が働いている．デルフト工科大学や東のトゥエンテ大学で水理学の知識を学んだ，高度な能力をもつ多くのエンジニアや技師が在籍している．水の状況のみならず，国レベルの河川，船の航行，国土について権限を有する．交通部門も本質的に流れを扱うことからこの組織に統合されている．オランダの多くの古い道路は，堤防の上に作られている．一方，現在の道路は橋，トンネル，その他の技術を使って古い堤防を横切っている．

現在，公共事業局はインフラ・環境省の事業部局である．年間予算は，毎年変化するが，20〜30億ユーロであり，海岸また河川の対策にあてられている．海面下で暮らすための費用は1

---

[2] 1984年，はじめて女性の水委員会の長が誕生した．
[3] Rijk は国家（state），ドイツ語の Reich と関連した言葉である．

写真 64　電動ポンプ基地

人・年あたり約 150 ユーロになる．それほど高くないといえるのではないだろうか．

　この巨大な公共事業局に対して「国の中にある国」という批判がある．ウェブサイトには次のようなミッションが述べられている．公共事業局は，国土を保全し，きれいで十分な水を供給し，また高速かつ安全な交通サービスを提供する国の機関である．この目的のもと，公共事業局は，約 3260 キロの高速道路網，約 1700 キロの水路ネットワークそして 6 万 5000 平方キロの水システムを管理している．

　ウェブサイト（rijkswaterstaat.nl/en）には英語の情報も提供されている．国土の道路ネットワーク，堤防の維持管理，交通障害，水位計測に関連するデータ，天候などさまざまな情報を提供している．公共事業局は一部地方分権化も行われている．10 の地域整備局と 36 の地区整備局がある．ナポレオン統治時代から冷戦で軍事衝突が続いていたときには，業務内容に応じて約 1000 種類のユニフォームがあった．冗談めかして，道路部門で働く公務員は自分たちのことを「ドライ」，同じく水部門は「ウェット」と称している．

　さらに公共事業局の業務について詳しく知りたければ，毎年 9 月第 1 週の週末にロッテルダム市で行われる World Port Days というイベントに参加するとよい．たくさんの企画，ボートツアー（英語でも提供されている）が行われ，さまざまな情報を入手することができる（wereldhavendagen.nl）．

堤防パトロール

　堤防を強く健全な状態にしておくことはきわめて重要である．これは水委員会の最も重要な業務の 1 つである．昔，嵐の予測は，自分たちの経験と鳥たちの行動から行われていた．水委員会の男たちは，堤防に行き，漏れや亀裂が生じているところがないか，越流しそうな場所はないか，滑りが起きているところはないかなどを調べた．想像してみてほしい．当時は，懐中電灯，プラスチック製のレインコートやブーツなどはなかった．表面に油を塗った麻のコートと帽子，風雨でも消えないようカバーされた洋ろうそくランプを持ち，木靴を履いた男たちが堤防の点検をして回った．彼らは自分たちのコミュニティの生命と財産を守るため，嵐や雨，しばしば闇の中で，手押し車，スコップ，土嚢を使って堤防が破堤しないよう作業を行った．今の私たちには想像しがたいことである．

　海水面の水位が上昇し，ゲリラ豪雨の増加も見込まれることから，堤防パトロールは今でも重要である．天気がよい日に，ネズミやモグラなどによる強度低下，下層土の変質，滑りなどが生じていないかなどの堤防の検査が行われている．波風が強くなり，リスクが高まると，パトロールは強化され，状況に応じて警告レベル情報を提供する．今日，気象学，人工衛星，GPS，携帯電話など科学技術がパトロールを支えている．

　しかし，技術が進歩してもほとんど変わっていないこともある．堤防調査は水委員会の役割のままである．委員会メンバーとボランティアの人たちが行っている．堤防司令官や堤防ガードといった軍隊に似た体制になっている．破堤により受ける影響はどの土地も同じであ

るが，調査，実務そして公共事業局や州政府を含む上位機関への報告には一定のヒエラルキーがある．計算機シミュレーションにはスキルが必要であるが，水位が危険なレベルまで上がるときは，スキルとは無関係にみなが動かなければならない．

　もし11月の暗い嵐の夜，バルコニーで音がしたり，モノが庭を転がったりして目を覚ますとき，あなたの生命と財産を守るために誰かがきちんとパトロールをしてくれていると思えば，安心して再び眠りにつくことができる．税金を払うに十分見合う価値があるといえるのではないだろうか．

　低地で快適に暮らすため，オランダでは水はよく管理されている．単に水を吐き出し続ければよいと思うかもしれないが，水が少ないこともまた問題である．古い堤防の多く，特に内陸の小さな堤防は粘土と泥炭でつくられている．雨が降らない日が続くと，こうした堤防は乾燥してひび割れを生じることがある．この割れ目を通って水が流れ出すと，わずか数分で堤防に大きな損傷をもたらす．もう1つのシナリオも考えられる．堤防背後の土が乾燥すると，固くなって土工事がしづらくなる．割れ目ができたり，砂埃が舞うようになったりするかもしれない．そのため，水委員会はそうならないよう水を入れる．海水は塩害をもたらすので利用されることはない．また湖は水を貯めておく場所（*boezem*）となっている．雨が降らない日が続くと，水委員会は通常よりも湖の水位を高くし，排水溝の水位を保ち，乾燥した土地に潤いを与えている．

　堤防の総延長は約1万4000キロ（アムステルダムからインドのムンバイあるいはアメリカのミネアポリスまでの往復の距離）である．2003年の乾いた暑い夏，アムステルダムの南にあるウィルニス（Wilnis）村で，乾燥した堤防の一部が運河の水の圧力により横ずれを起こした［写真65］．真夜中の出来事であり，犠牲者は1人もいなかったが，運河にあったハウスボートが斜めに傾き，水が村の低地の家の中に流れ込みパニックが生じた．約2000人が避難した．急いで堤防の補修が行われたため，1日後，家に戻ることができたが，50センチほど浸水した．その後，調査，改良にあたる評価委員会がつくられた．水委員会と公共事業局では，この災害をきっかけに，従来の方針を見直し，検査の強化が行われた．基本的な問題は，この国では干ばつはきわめて稀な事象であり，誰もこのようなリスクを考えてこなかったということであった．しかし2011年そして2015年の春の干ばつを受け，再度議論が行われた．

ウィルニス堤防破壊の背景

　ウィルニスの出来事は興味深い．グーグルアースで見てみると，幾何学的な形状，人工的な自然の風景の場所であることがわかる．ここはホラント中心部の泥炭地域であり，中世に修道士らによって干拓された．ウィルニスという名称は，wilderness（荒野）からきている．ウィルニスを含むエリアは「デ・ロンデ・フェーネ De Ronde Venen（円形の泥炭地）」と呼ばれ，地図を見ると，それがわかる．ここは，先に述べた koop/cope 地域の一例である．

写真 65　ウィルニスでの堤防崩壊 (2003)

 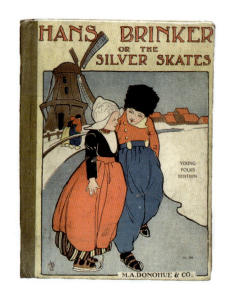

写真66　2冊のハンス・ブリンカーの本

　荒れた沼地と泥炭を掘り出したあと，排水路を掘削し，土地は四角や三角の形に分割して売却された．村の両側の湖エリアは，泥炭を堀り出した結果，生まれたものである．ウィルニスの集落はもともと堤防より少し高い位置に作られたが，2003年に浸水したエリアは，1970年に拡張された場所で，元の集落より低い位置にあった．

　他国の読者は次のような疑問を持つだろう．堤防破壊を防いだ有名な男の子，ハンス・ブリンカーはこの物語に登場するのか？　がっかりするかもしれないが，真実を伝えよう．ハンス・ブリンカーは実在しない．穴に指をいれて堤防破壊を防いで国を守った事実はない．すると，ここまで読んできた読者は次のように考えるだろう．1本の指ではどうしようもない．学校の全生徒で防がないと粘土と泥炭でつくられた軟らかい堤防は守れない．さらに子どもたちを危険な目にあわせるわけにはいかない［写真66］．

　オランダには3つのハンス・ブリンカーの像がある．これはどういうことか？　残念ながらロマンチックな物語を好む人たちによる創作であり，真実ではない．1865年，メアリー・メイプス・ドッジ（Mary Mapes Dodge）というアメリカ人の作家が，『ハンス・ブリンカー』という本を出版し，その中で「銀色のスケート」という題でこの物語が紹介されている．最初アメリカで広まったが，第2次世界大戦が終わるまでオランダではこの本はほとんど知られていなかった．戦後，アメリカ人旅行者がこの物語について質問するようになった．それを知った商売上手なオランダ人が，観光客を集めようと像をつくった．最初の像は，1950年，架空の物語に理想的な場所だということで，アムステルダムとハールレムの間，スパーンダムという小

さなかわいらしい町に登場した．次にフリースラント州のハーリンゲンにできた．ここは外国人観光客が少なかったが，ワッデン海の島々にフェリーで渡ることができる場所であった．最後は，ハーグのミニチュアタウンで知られる「マドローダム」にある．ここは幾分リアリティがあり，堤防から漏れ出した指の大きさの流れを止めようとしている像が置かれている．

浸出水

　堤防には他にもリスクがある．水が下から浸出することである．軟らかい土をもつ低地では地下水が地下深くから表面まで浸みだしてくることがある．かつて海水面が高かったとき，多くの海水あるいは汽水が地下深部に存在し，それが表面近くの淡水にまで影響を与え，農業や飲み水には使えなかった．今後，気候変動により海水面が上昇し，塩分を含む地下水が増加していくかもしれない．計測し，モニタリングを行い，もし可能なら，地下水の浄化を行うことは公共事業局のもう1つの業務である．

　オランダ人にとって，水は敵ではなく真剣に向き合う相手である．実際，オランダ人は水との関係について愛情と嫌悪の両方を感じている．これは古いことわざに表れている．「海は友であり，味方である」．水の扱い方を学んだオランダ人は，敵を欺くために水を用いた．17世紀，80年続いたスペイン・ハプスブルク朝との戦争に勝利し独立した．そして隣国のフランスやミュンスター司教など当時のさまざまなドイツの小さな国の支配者らに対する水防衛システムを構築することを決めた．具体的には，非常時にいくつかの堤防を意図的に破壊して，敵を混乱させることを考えた．アムステルダムの東からユトレヒトの西を通ってフローケム (Gronchem) まで，ほとんど途切れない幅数キロ，全長約85キロの水域をつくることができた．敵は，この水域がどれほど深いか，あるいはどの程度危険であるかわからないであろうと考えられた．このホラント洪水線（Hollandse Waterlinie）は，外国の侵略から国の中心部――大都市とそこでの人口や経済活動――を遮断するものであった．しかし，1672年，フランスが侵攻した．冬，これらのホラント洪水線が凍結し，ナポレオンの支配下におかれることになった．1800年以降，ユトレヒト市を含むように位置が変更され，一連の要塞をつくり，防衛力を強化した．3回厳戒態勢がしかれた．1870年の仏独戦争，第1次世界大戦（オランダは中立を宣言し，戦争には加わらなかった）そして1940年．しかし，このころには飛行機による空からの攻撃が主役になり，洪水線は役に立たなくなった［写真67, 68］．

　戦後，これらの要塞が生態学的に価値ある場所であることがわかり，1990年代まで公衆がアクセスできないようにされてきた．希少な生き物，コウモリ，昆虫，両生類が，静かな要塞と地下通路に数多く存在していた．現在，いくつかの要塞は，貴重な自然生息地として環境団体の管理のもと見学できるようになっている．ホラント洪水線を補完する役割を担ってきた円形の要塞群は，1880年から1920年にアムステルダム周辺につくられた．これらはアムステルダム防塞線と呼ばれ，ユネスコの世界遺産に登録され，制限があるが見学可能となっている

写真67　ヴァータリニー（Waterinie）要塞の位置を示すサイン

(stelling-amsterdam.nl/english/ で英語の情報が得られる).

　フリースラント州南部レメルにある世界最大で現在も稼働する蒸気式揚水場，Ir. D. F. ヴァウダヘマールも世界遺産として登録されている．1920年に操業を開始し，フリースラント州の主要な揚水装置である．1967年からスタフォレンでより大きな電動式の揚水装置が稼働し始め，ヴァウダヘマールは第2位になった．今でも年に数日，大雨の後，この揚水装置により水が排出されている．

　実際に洪水線は使われることはなかったが，生活は安泰というわけではなかった．1944年，ナチスの水部隊を排除するため，ゼーラント州にあるヴァルフェレン（Walcheren）島の堤防を英国空軍が爆撃し，多くの人々が命を失った．地元の住民158人（および多数のナチス軍人）のみならず，インフラや経済被害に大きな損害が生じた．幸運なことに，ナチスが降伏したため，西ヨーロッパの自由は保たれた．ナチス軍は，降伏の数週間前，自分たちのために水を利用した．数か所の堤防を破壊し，連合空軍が爆撃できないようにした．北ホラント州のヴィーリンガー湖（Wieringermeer）ポルダーはその1つであり，そのわずか15年前に海を干拓してつくった場所であった．水がすべてを破壊した．ナチスがいなくなって1年後ようやく農家が戻ってくることができた．

　冷戦時代，もう1つの洪水防衛システム（17世紀からあった）が用意された．東にあるアイセル川沿いの土地を，東ドイツやポーランドの戦車が侵攻してきた場合に浸水させるというもの

写真68　ヴェース (Weesp) 要塞　1861年に完成したが使われることはなかった

である．歩くには困難であり，かつボートには浅すぎるという水深であった．1963年のキューバ危機の際，一度だけ，そのための準備態勢に入ったが，危機が回避されたことで，実施されることはなかった．のちに，ロシアはこれらをすべて把握していたことがわかった．

　次にインフラと建築物について述べる．この国の水の特徴，発達した経済と高い人口密度から，公共事業局の道路部はたくさんの橋やトンネルをつくっている．ロッテルダムとアムステルダムには，都市を分断する河川や水路の下をトンネルが通っている．農村部にもトンネルがある．それらのほとんどは主要な水路あるいは港の下を通るため，すぐ隣に巨大な船を見ながらドライブすることもある．

さまざまなサイズのフェリー [写真69]

　長い橋をかける技術が開発される前は，オランダ中にフェリーがあった．多くは橋に置き換えられたが，まだかなりの数のフェリーが残っている．最大のものは，本土とワッデン諸島を結ぶフェリーである．数台のトラックとたくさんの乗用車を載せることができる．島にとって不可欠であり，最悪の嵐のときを除き，ほぼ毎日運航している．

　内陸部にもフェリーはある．橋と橋の間を，通常は車やバンを輸送する，小さいものでは自転車や歩行者を運ぶ．これらの多くはレクリエーション用であり，冬季は休止また平日でも休止しているフェリーもある（地図では，小さなボートのマークあるいは航路が点線で示されてい

写真 69　地域交通を支える河川フェリー

る）．

　最新のトンネルは国内最長である．ゼーラント州にあり，ベルギーのアントワープ港からオランダ領土を抜けて北海につながるウェステル（西）スヘルデの海の下を通っている．2003年に開通し，6.6キロの長さがあり，これまで幾分孤立していたゼーウス・フランドレ（Zeeuws Vlaanderen）を結んでいる．有料[4]トンネルであり，民間企業によりつくられた．そこから遠くはないが，オーステル（東）スヘルデのゼーラント橋は長さ5キロであり，2つのかつての島を結んでいる．冬，風がとても強いときには，バンやトラック，ときにはすべての車両が通行止めになる．ゼーラント橋は1965年に開通し，トンネル同様，1993年まで有料であった．

　ホラントにおける建築のもう1つの側面は，国中のあちこちで見聞きしたことがあるかもしれない．先にオランダの下層土について述べたが，特に西部地域は，軟らかい層が重なって形成されている．地下数キロの深さまで岩盤がない．そのため建築にあたっては対策が必要である．100年以上前に，オランダ語で *heier*，英語で piling，pile work（杭打ち）という技術が生まれた．ハンマーで地面に杭を打つものであり，たくさんの杭が地面に打たれ，その上に建築物がつくられる．西部地域の家，近年では地下鉄までが杭打ちがなされている（近年まで，杭打

---

[4] 2016年現在，乗用車は片道5ユーロである．

写真 70　数メートルの砂を盛って建物建設の準備が整う

ちはきわめて一般的な光景であり，その音が各地で聞かれたが，現在，建築業界は停滞しており，活性化にはしばらく時間がかかるかもしれない）．

新しい建築プロジェクトは，近くの排水溝に水を排出するとともに土地に数メートル砂を入れることから始まる［写真70］．パイプとポンプを使って砂が液体のようにまかれ，次にそれほど高度な技術を要しない機械（油圧や重力を使う杭打ち機）が持ち込まれ，杭打ちが始まる．大規模な建築が行われるときは，ときどき数週間もかけて，カプーン，カプーンと音をたてて杭を打ち込んでいく．住宅など小さな建築物では，単純な杭が使用されるが，重い高層ビル，線路や高速道路のための杭は，より深く，砂や粘土などの固い層まで打たれる．建築プロジェクトにあたっては，あらかじめ地盤がいかなる地層から構成されているかの調査がきわめて重要である．

アムステルダムの人々は，固い砂の層が12～20メートルの深さにあることを知っている．17世紀の美しい運河の家に使われている（スカンジナビアの木から作られた）杭はこの深さまで打たれている．一方，第2次世界大戦後の建築物を支えているのは，コンクリート製の柱であり，より深い粘土および砂の層まで入っている．地下鉄は，杭を打つのではなく，さらに深い粘土と砂の層の上につくることにした．電車による振動が厳密に計算，分析されている．しかし，歴史的中心部またアイ川の泥水のすぐ下を通る，新しくより長い地下鉄工事は難航している．さまざまな試験や議論を経て2002年に工事が始められ，古い家や建物が，掘削・建設が始まると沈下し始め，5年以上工事が遅延している．大がかりな掘削を軟らかい土中で行うことは，国際的にも新しくかなりリスキーな挑戦であった［写真71］．この地下鉄線は，当初2011年に完成予定であったが，2016年7月，2018年7月への再延期，費用は当初の約2.2倍になることが発表された．アムステルダムの人々は，さらに延期されるとしても，また費用を要するとしても驚かないであろう．

でこぼこ道

20世紀につくられたほとんどのオランダの地下鉄は，湿った草地のポルダーの土地に，砂をまき，杭を打ってつくられた．道路建設においては，まず砂が牧草地や排水溝に均等にまかれたが，より深い排水溝の砂の層は平らな牧草地よりも厚くなる．砂の重量により地盤は沈下していくが，排水溝の部分よりもその周りの牧草地がより大きく沈下し，それが道路にでこぼこを作り出す．バスがそうした場所を高速で走り抜けると，後ろに座っている人は

写真71 2008年，アムステルダムの地下鉄新線の建設工事に伴い，古い住宅にひび割れが生じ，補修が行われた

写真72 地下水の影響により生じた道路のひび割れ

席から飛び出してケガをするかもしれない［写真72］．

　ホラントの軟らかい土には利点もある．ケーブルやパイプなどを簡単に地下に埋設することができるということである．電話線も電線もオランダの道路や通りにはない．地上にあるのは鉄塔により支えられた主要な電気のケーブルであり，景観を害している．地下に埋設すると問題になるのは，補修や再建のときである．あちこちで掘り起こしが行われ，しばしば通りが閉鎖される（埋設物にとっては「開かれる」）．数週間も続くときは，ドライバーや商店主はとても困る．そのため，市の主たる通りはアスファルトよりもレンガでつくられている．美的な側面もあるが，歴史的にレンガのみが利用可能な材料であった．きれいに敷設されたレンガが，古いダウンタウンの建築物とマ

ッチして，オランダの伝統を感じさせる．

　最後に，この章を閉じる前に，もう1つ一般的なトピック，水に囲まれた暮らしについて紹介しよう．

　オランダ各地にハウスボートがある．また輸送産業にかかわる人々が暮らす船もある．ハウスボートには2つのカテゴリーがある．かつて輸送に使っていた船が固定され，飲み水や電気，ガスがそこに引かれる．そしてもう1つは，「浮かぶバンガロー」と呼ばれる，コンクリート製の中空の箱の上にすべての現在のアメニティがそろった四角い木造住宅である．船のようには見えず，部外者からの評価は高くない（ただし，住むには快適である）．両者あわせて約1万であり，アムステルダムだけで約2500ある．およそ3分の1が美しい中心市街地の運河にある（そして多くが Airbnb に提供されている）[写真 73]．

　ハウスボートに暮らす人々は，普通に陸地に暮らす人々とは少し異なっている．彼らはより冒険的であり，あまり伝統的でなく，おそらく少し芸術的である．ハウスボートは明らかに快適ではない側面もある．まず，特定のボートを特定の場所に泊めるために許可が必要である．水やガスも行政的，技術的に手続きが必要となる（ハウスボートとつながるパイプやワイヤがあり，腐食や揺れから保護するためにロープやケーブルによって水に浸からないようにされている）．長期の施設と制限された許可により，アムステルダムのボートは1888年からずっと同じ位置に置かれている．

　冬は，寒さや湿度はたいしたことがないが，本当のリスクは水道管やボートを囲む運河の水が凍結することである．氷がハウスボートに張り始めると，オーナーはそれをはがす．寒い冬には繰り返し何度も行う必要がある．そのため，ハウスボートの居住者たちは，連帯している．ボート暮らしのもう1つの大変さは，数年ごとに船を持ち上げて，藻を除去し，金属部分を塗り替えるとともに，検査を行って必要に応じて底を補修し続けなければならないことである．

　ボート暮らしについて，最後の，言葉では表しがたい側面は，下水道システムと切り離されているということである．アムステルダムでは，2005年まで切り離されてきた．しかしオランダにはたくさんのハウスボートがあり，下水のための河川あるいは運河がある．詳細には述べないが，トイレは電動ポンプとシュレッダーがついている．法律によりすべてのオランダのハウスボートは，2017年までに一般的な下水システムへ接続しなければならなくなった．

　都市の運河は，水質が注意深くモニタリングされ，週に数回（夜，気がつかないうちに）水が入れ替えられる．そのため，ハウスボートは健康上のリスクはほとんどない．また飲み水は完全に分離されている．しかし，多くの市民がハウスボートにより水面が見えなくなっていると不平を唱えており，アムステルダム市はハウスボートを徐々に減らす計画である．現在，ハウスボート居住者が引っ越したり，亡くなったりした場合は，権利は更新されない．そのため最終的にはなくなる予定である．

　ハウスボートは，アパートよりもいくらか安いといわれてきたが，今はそうではない．新し

写真73 アムステルダムの運河沿いの住宅とハウスボート

い政策により，ここ数年，許可付きハウスボートの価格が急上昇している．きちんと手入れされたアムステルダムで最も小さいハウスボートの最低価格は20万ユーロである．

　その他，これからの水上生活については，最終章で紹介する．

5章
"遠い"北部

　この本の読者で，この章で述べる地域になじみがある人は少ないだろう．ここは，外国人のほとんどが住み，多くの旅行者が訪れるランドスタットから最も遠くに位置する．しかし，このオランダの北部地域を詳細にみることには十分な理由がある．ここはオリジナリティがあり，自然が豊かで，開発の影響をあまり受けておらず，かつ挑戦し続けている地域である．

　この地域はオランダの他の地域と比較してあまり人間の手が加えられておらず，水は自由に流れている［写真74, 75］．その様子は，ワッデン（Wadden）と呼ばれる島々の周辺で確認することができる．フローニンゲン州，フリースラント州そして北ホラント州の，人が住んでいない地域は，原風景が残っており，人口密度の高いランドスタット地域とは異なる時間が流れている．地域のアイデンティティが，民話や独特の方言，オランダの第2公用語フリジア語とともに残っている．
　まず，グーグルアースの人工衛星画像でワッデン海（Waddenzee）を見てみよう．海というよりは潟（ラグーン）に近い．小川，砂丘そしてそれぞれが土壌と農地で独特の景観をつくる島々がつくりだす柔らかな色，まるで美しい迷路のように見える．ワッデン海は，ドイツそしてデンマークのEsbjergまで続く国際的にも重要性の高い貴重な湿地であり，2009年，ユネスコの世界遺産に登録された（当初，オランダとドイツで申請を行った．デンマークでは国立公園化に関する長い議論を経て2014年に加わった）．1日2回潮が引くと砂州が現れ，多数多種の生物の貴重な生息地となっている．グーグルアースであまり見ることができないのは生き物である．鳥，魚，えび，牡蠣・ムール貝などの貝類，アザラシやネズミイルカ（クジラの一種），そして藻，海藻，海岸線に沿って塩生植物も豊かである．汚染，観光，大規模な漁業が行われていなかった100年前は現在よりも生物が多く，また多様性も高かった．それでも，ワッデン海では今も多くの生き物たちが生存競争を繰り広げている．
　この地域の自然，水，島々を見てみよう．前の章で示したように，13世紀までは，島々はその背後が泥炭で覆われた砂の海岸線の一部であった．浅瀬があり，泥炭層を通じて水が行き来した．その後，海水面の上昇と嵐が，溝を浸食し，深くしていった．海水が内陸部まで入るようになると，軟らかい泥炭層が波に洗われ，海に流出していった．海岸線は，いくつかの領域にわかれていき，現在の地図で見られる島々を形成した．フレヴォ（Flevo）湖とつながる

写真74 自然が保護されたワッデン海の島

写真75　満潮時のスルフター（Slufter）氾濫原（テセル島）

写真76　1290年，ここが海岸線であったことを示すテセル島のポール

と，塩分を含んだ海水がどんどん陸地に到達するようになり，農業に悪影響をもたらすようになった．

島々のうち5つは実際に人間が暮らしている（以下で述べる）が，その他の島は，高潮時にも通常は浸水しないが，誰も住んでいなかった．そこでは，植物と動物が人間の影響を受けることなく保護された自然の中で活動している．正真正銘の「ロビンソンクルーソー島」である（ただし，気候はまったく異なるが）．さらに，いくつかの一時的にまたは完全になくなってしまった島もある．自然の営みの中で時と場所を変えながら，砂嘴（さし）や砂州が形成・消失している．

実際，人間が暮らす島さえも自然の営みにより移動しているため，全体の定義は困難である．この移動は，オランダ語で *wandelen*（歩行）と呼ばれている．西側が浸食され，東側に陸地が展開されるようになると，暮らしもそれにあわせて移動する．スキーモニコーフ（Schiermonnikoog）島[1]は23年で約2.8キロ移動している．1年に120メートルほど動いていることになる（この島は，かつては本土とつながっていたと思われるが，当時の記録が残っていない）［写真76］．

この地域では，何百年を経て新しい島ができる一方で，消えてしまった島もある．砂州のいくつかは，輝かしい未来がまっているかもしれないが，その逆も起こりうる．古い地図と見比べると，450年で人が暮らしていた島がなくなっていることがわかる．その島はボシュ（Bosch）島[2]と呼ばれ，スキーモニコーフ島の西側に位置し，1570年以前は修道院や村があった．大洪水により，建物がなくなり廃墟となった．さらに1770年の洪水により島の砂が流出してしまった．こうして通常はゆっくり，ときには大きく西側の砂が浸食され，東側に砂の堆積が進んでいる．興味深いことに，再度同じ場所に新しいボシュ島が生まれている．発掘調査により，かつてのボシュ島の住民の遺物が発見されている．ワッデン海では，この「歩み」のプロセスが何度も繰り返されてきた．最終的に地図が修正され，航行ルートが変更され，島の海岸が検査されている．長方形の土地と直線道路で知られるオランダにもこうしたダイナミックな環境がある．

「どうして島々をつないで背後地を陸地にしないのか？」という質問を思い出してほしい．

---

1) 島を表す「oog」という言葉は，スカンジナビア地方の言葉で「oer」，英語で「-ey」である．オランダでは「eyland」「eiland」が使われる．
2) 現在のオランダ語で，最後が「-sch」となっている単語は，「sh」よりも「ss」と発音する．例えば，boshではなくbossと発音する．

写真77　干潟ハイキング

　地図を見れば、北ホラント州とフリースラント州をつなぐ締切り大堤防（Afsluitdijk）そして北ホラント州とフレヴォラント州をつなぐ長い堤防があることがわかる[3]．実際そうした計画は18世紀初頭にあった．しかしその島々の間は潮の流れが強く、現在の技術をもってしても制御困難である．また砂地の土地では農業はできない．困難かつ多額の費用がかかるため、実行されることはなかった．唯一行われたのは、1871年、最も潮の流れが弱いアーメラント（Ameland）島と本土をつなぐ堤防である．ここは内陸側が粘土質であるため、干拓により農地にすることが期待された．当初うまくいくと思われていたが、しばらくして嵐が到来し、堤防もろとも消失してしまい、そのまま放置された．両側の堤防の名残がピア（埠頭）となって、現在、本土のホウヴェルト（Howlerd）とアーメラント島のネス（Nes）を結ぶフェリーが往来している．

　「歩く島」について話をしよう．数時間この砂地とぬかるんだ小川をガイドとともに素足で歩くだけで「歩く水」を体感することができる［写真77］．干潟ハイキング（*wadlopen*）が北部の本土のさまざまな場所で行われている．中でも最も有名なのが、フローニンゲン州からスキーモニコーフ島まで約10キロを歩くコースである．夏には、村々の若い男のガイドによる少人数のツアーが行われている．このツアーに参加すると、人々は素晴らしい環境、空、砂州

---

[3] 後の章で述べる．

写真78　救出される前の馬たち

にたたずむアザラシの群れ，そして自然に圧倒される感覚を得ることができる．この干潟ハイクは干潮時そして天候を考慮して行われる．約10キロを4〜6時間かけて歩く．片道コースであり，帰りはフェリーを利用する．しかし，しばしば予期せぬ事態も起こる．予想外に早く，高い波がきた場合には，救命ボートや海軍のヘリコプターが出動する．

これを冒険的すぎると考える人たちのために，本土を出発して本土に戻るツアーも用意されている．島に渡るわけではないので，実際，いろいろな場所で行われている（グーグルでwadlopenと検索すると，さまざまなユニークなツアーを見つけることができる．一部はオランダ語のみであるが，電話では英語も対応してくれる．ウィキペディアではmudflat hiking in the Netherlandsという英語のサイトがある）．

潮汐の危険から救出される馬 [写真78]

読者の中には，2006年，中州に取り残された百頭を超える馬のドラマティックな救出劇をテレビで観た方がいるかもしれない．ぬかるんだ土手，潮汐，馬が逃げた安全な堤防．これらがワッデンの環境の典型例である．夏，農家は，こうした湿地を利用して家畜を放牧する．馬を育てている農家も同じであった．この救出劇の後，馬主の放置について法的に調査が行われ，馬主への罰金はなしとなった（Youtubeで"horses rescue Netherlands"で検索してほしい．その様子がわかる）．

写真79 軍が利用する場所であることを示すサイン 一定の条件のもとで入場できる

　生態学者，環境保護者そして多くの旅行者は，ワッデン海を保護し，自然の楽園とすることを求める．天然ガスや石油の採掘，産業化，大規模な漁業操業，大型船，液化ガスや他の化学物質を北海に輸送する船，そして旅行者自身が，善意であっても，自然にダメージを与える［写真79］．

賢く行動し，誇りを持て

　1965年，オランダ人のグループが，ワッデン海の影響を受けやすい環境を保全する組織を設立している．長年にわたる彼らのスローガンは "Wees wijs met de Waddenzee"「ワッデン海で賢く行動し，誇りを持とう」である．当初，環境に配慮しない金儲けの事業に反対する活動を行ってきたが，その後方針を転換した．waddenvereniging.nl のウェブサイトでは，その一部を英語で読むことができる．現在，バードウォッチングツアーなどを行っている．ツアーはオランダ語であるが，鳥たちの声はそれとはあまり関係ないので，参加する価値がある．

　島をハイキングする際，海岸線のみならず，強固な海岸堤防もあわせて歩くと，保護されず，あらゆる自然の影響を受ける土地とはどういうものかを体感することができる．フリースラント州とフローニンゲン州の北部には，オランダの何も手を加えてない土地が数多く残っている．鳥たちの楽園になっており，厚岸草などの貴重な塩分を好む塩生植物がみられ，魚にとってのレストランにもなっている（いくつかのスーパーマーケットでは，こうした塩生植物を売っている．ただし食品売場ではなく魚の隣に置かれている）［写真80］．

　地図上で，もう1つの自然からの贈り物を見ることができる．フリースラント州とフローニンゲン州の間の岬湾であり，公式にはラウヴェルス海（Lauwerszee）と呼ばれている．元は河口部であり，中世の嵐によって拡張され，深くなった．1969年，堤防により海と分離され，小さな川によって意図的に「自然」をつくった．潮汐の影響はなくなり，ラウヴェルス湖（Lauwersmeer）と改名された．森やレクリエーション公園が隅に配置され，ほとんどが国立公園に組み込まれた．いくつかの軍事拠点があるが，自然と対峙しているわけではない．堤防沿いにレストランがあり，アザラシに出会うこともある．

　ラウヴェルス湖の東は，フローニンゲン州の Hoge land（高い土地）である．ただしオランダ

写真80　魚を見せる漁師

語で「山」とか「高い」というのは，周りとの対比を表しているにすぎない．ここでも，実際には海抜1～2メートルの高さしかない．この土地は時間をかけて高くなり，嵐や高潮が来ても乾燥した状態が保たれている．近くでは農家が肥沃な土地を利用して耕作を行っている．農地が拡大し，富が蓄積し，風格のある邸宅[4)]になった．そのうちのいくつかは現存する．中を見学すると18世紀の雰囲気がわかる．密度の高い西部の地域と比較して，この地域全体がチャーミングであり，曲がりくねった道路と小さな村々からなっている．その絵画にでてきそうな教会と素朴な墓地，高潮や洪水から逃れるために周囲の土を集めてつくった高台 *wierden*（テルプ）がある．こうした高台は19世紀までつくられた．周りの肥沃な土は農家に売却された．かつての2つの島は，今は単に高い場所になっている．ここは高低差のない低地のホラントではないが，素朴で静かな自然に囲まれた風景が残る場所となっている［写真81］．

アザラシ［写真82］

　ピーターピューレン（Pieterburen）という村がある．ここには，放置すると死んでしまう親と離れた子アザラシやケガをしたアザラシの国立リハビリテーションセンター

---

4) フローニンゲン州では borg，フリースラント州では state と呼ばれる．この State の a は father の a の発音．e ははっきりと発音する．

写真81 伝統的なテルプの村

写真 82 アザラシの群れ

Zeehondencreche がある．アザラシは十分体力が回復すると，ワッデン海に戻される．このセンターは訪問可能であり，生き物たちがただ気楽に生きているわけではないことを親子で学ぶことができる．オランダ語のみであるが，zeehondencentrum.nl で情報が得られる．

注：このセンターは，この地域のアザラシのモニタリングを行っている．2010 年には，5600 頭ほどが生息している（以前はもっと多かった）．毛皮を得るために若いアザラシを捕獲することは，カナダでは認められているが，オランダでは数十年前に禁止されている．

ここから東に旅するとデルフザイル（Delfzijl）という成長している港がある．ドイツとの境界部の水域は Dollard と呼ばれている．ドイツ側の町はエムデン（Emden）である．ドラート（Dollard）は，河口部を意味し，潮汐がある．海により土地が侵食されるプロセスが，並行する堤防によって分けられた狭い部分において生じている．環境および経済の複合要因により，干拓は行われそうにない．驚くべきことに，2010 年，ワッデン海の水を冷却水に使い，温水を戻す新しい発電所の許可がなされたが，周辺の町から抗議が生じており，調整を要する．

エネルギーについてみると，約 30 キロ内陸にオランダの豊かさをもたらす重要な資産スロッフテレ（Slochteren）の巨大ガス田があり，その上に村がある．すでに 50 年以上経過したが，このガス田は，オランダ経済の基盤であり，オランダの全家庭や産業にエネルギーを供給するともに，ヨーロッパに半分売却されている．半官半民の組織によって運営され，その利益

写真83　テセル島の標高15メートルの氷成粘土の丘からみた風景

は，国の反対側にあるゼーラント州の巨大な水事業（10章で述べる）の費用支払いにもあてられている．

　次にワッデン海を空から飛んでみよう．砂州と人が住んでいない島々を超えて，人が暮らす島に到着する．わずか数千人が暮らす村であるが，美しい自然を見に多くの観光客が訪れる．スキーモニコーフ島とフリーラント（Vlieland）島では車の使用は禁止されている．他の島は，車は使えるが，速度は抑制され，価格も高い．すなわち，サイクリストと歩行者の楽園である．ワッデン海にある5つの島の土地利用のパターンは同じである．南東から北西に延びる細長い区域の牧草地，住宅，森林そして砂浜につながる砂丘．以下，このワッデンから北海を旅すると出会う風景を紹介しよう．

　ワッデンの草で覆われた低地は，堤防で保護され，家畜の放牧地として利用されている［写真83］．たくさんの植物にあふれ，鳥の楽園となっている．春には，オランダのどこよりも多くの野生の花が咲く．貴重な動植物の見学に入場料を取られることもあるが，ほとんどの場所は徒歩でアクセスできる．幸い，こうした自然は旅行者を選ぶ．通路以外には立ち入らない，何も採らないなど，自然愛好者として十分配慮していただきたい．

　次に，村に近づいて農地を見てみよう［写真84］．1970年代，ここで小規模であるが，オランダ初の化学物質を使わない有機農業が始められた．村は，観光地化が進んでいるが，とてもきれいである［写真85］．古い家，歴史的な農場，風車そして昔ながらの乳製品工場を見ること

写真84　ヴィーリンガーメア（Wieringermeer）の風景

写真85　テセル島の村

ができる．各島と本土をつなぐフェリー乗り場がそれぞれ「中心地」となっている．相対的に大きなテセル（Texel）島だけが少し異なっている．背後の砂丘のところまで村が拡大し，人間活動が生態系に影響を与えている．その場合，しばしば砂漠のような様相になるが，村に近づいてみると，薪の調達，風よけ，砂の安定のために（1900年ごろに）植林されていることがわかる．今日，そうした森林が広がり，素晴らしい景観になっているところもある．海に近い砂丘では，原生の植物が生育し，背の高いヘルム草，うさぎ，キツネやキジなど大型の鳥も見られる．

　ワッデンの砂浜は，オランダの中で最もきれいかつ広い．干潮時には約1キロの幅になる．砂浜では，さまざまな大きな貝が見られるが，しばしば水平線を通り過ぎる船からのゴミも漂着する（それらを集め，収入を得ていた時代もあった！）．

　テセル島では砂丘が切れているところがいくつかある．これらは歴史的に何かあったことを教えてくれる．砂州と「若い」砂丘は一種の氾濫原となっており，*Sluffer*と呼ばれる．ここは何度か海水が入り，溝ができ，砂丘を若返らせるプロセスが繰り返されてきた．ハイキングにふさわしい場所となっているが，1つジレンマがある．天気が悪ければ悪いほど，その場所の魅力が高まるのである．雨や強風のときほど人が少なく，自然の景観を楽しむことができる．

　オランダ全土で唯一比較できる場所は，ゼーランド州のズウィン（Zwin）である．しかし観光地化が進んでおり，ベルギーのリゾート地クノーケ（Knokke）に近い．

無人島

　無人島は，人口密度が高いオランダの人々を魅了する．中でも一番東に位置するロッテメローフ（Rottumeroog）島は，孤独を感じることの代名詞となっている．この島は，研究者と自然保護員だけが一定期間滞在することが許可されている．1971年7月，ラジオ局が，彼らがいないときに，2人の著名なオランダの作家が別々に食料と本とスタジオにつながるラジオだけで1週間滞在するという企画を行った．たくましいヤン・ヴォルカース（Jan Wolkers）は，自然の中での魅力的な体験をロビンソンクルーソー滞在記のように報告した．一方，よりデリケートで都市で生活するフットフィート・ボーマンス（Godfried Bomans）は，強い孤独を感じ，不平不満がつのり，またカモメのうるさい声と夜の恐怖で病気になりそうだと報告した．数か月後，ボーマンスは心臓発作で亡くなった．島での体験がその原因ではないかと危惧されたが，彼はこの企画に参加する前からひどく疲れていたということがわかった．ラジオ番組は盛り上がり，死後に本まで出版された．このイベントは，オランダの「世界の終わり」ロッテメローフと評されるようになった．2010年，ラウワース湖（Lauwersmeer）自然保護区内の島で再びこの実験が行われたが，挑戦的要素は小さくなった．

　ワッデンにはあと2つ記述すべき無人島がある．1つは，保護され，したがってアクセスで

きない「鳥の島」フリント（Griend）島である．フェリーボートでフリーラント島やテルシェリンク（Terchelling）島に行く際に見ることができる．見えるのは，いくつかの小さな砂丘，通り過ぎるビーコン警告船そして何百万もの鳥だけである[5]．テセル島と本土のデン・ヘルダー（Den Helder）の間の水域はマースディープ（Marsdiep）と呼ばれているが，ここにノールダーハークス（Noorderhaaks）と呼ばれる新しい島というか砂州が生まれている．実際には，浅いワッデン海より広い北海に位置している．嵐が来るごとに不安定に砂が動き，一部が発達する一方で一部が消失する過程を繰り返している．ほかにもアムステルダムからゾイデル海への航行を妨げる砂の島が1820年代まであった．海軍基地に近い砂州はしばしば軍事演習の拠点として利用されている．しかしその利用者のほとんどは鳥とアザラシである．

　ここからはフリースラント州の話をしよう．地図では陸地になっているかもしれないが，南部には数多くの湖がある．中世，これらはミデル海（Middelzee）とつながっていた．13世紀の洪水で，もう1つの河口がつくられた．この内陸の海は，部分的に閉塞し，干拓を容易にした．以前の西部の海岸線は，現在，枕木堤防（*Slachtedijk*）となっている．水域が農地に変わり，小さな村々をめぐる旅ができる．ちょうど42キロの距離があり，4年おきにマラソン大会が行われている．

　フリース湖は，早期の海の侵入により残ったが，オランダでは塩の調達や燃料にあてるため，泥炭が広く採掘された．長い間，小型帆船がゾイデル海を利用してアムステルダムなどに運んだ．この経済活動が *Skutsjesilen*（*skutsje*）というボートレースにつながっている．この種の船から *silen*（セーリング）の名称がついた．フリース湖とつながる水域は，小さなボートやセーリングに向いている．毎年行われる Sneek week[6]はその中心である．このお祭りは，8月上旬に行われ，1814年から始まっている．ヨーロッパ最大の内水イベントであり，さまざまな大きさのボートや船に乗って何千人もの人々が参加する．2010年，ベアトリクス女王自身も参加した［写真86］．

　フリースラント州は，他の州よりもスポーツが盛んであるとともに，より強く伝統を維持している．伝統的スポーツも残っており，そのいくつかは先に紹介した排水溝棒高跳び（ditch-vaulting）を含む水に関連するものである．フリースラント州のより洗練された水にかかわるスポーツイベントは国中でフィーバーとなる．スケートのみで11都市をめぐるという，世界に類を見ないイベント，「11都市ツアー（*Elfstedentocht*）」である［写真87］．厳しい寒さが続いた冬，したがってきわめて稀な，1日だけのスケートイベントが，オランダ各地さらに国外も含め数千人が参加して行われる．州都レーワールデン（Leeuwarden，フリジア語でLjouwert）がスタートおよびゴール地点である．残り10都市[7]は，通過するのみである．一部のスピードスケート選手たちが1位を競うレースを行う．他の参加者は，約200キロの道のりを，暗いうち

5） 想像しがたいかもしれないが，地理学者はGriend島の下3キロに死火山があると主張している．
6） Snake wake と発音する．

116

写真 86　フリースラント「スクッチェ」タイプのヨット

に出発し，設定された時刻までにポイントを通過しながら，日が暮れる前に戻ってくる．凍りついた真っ暗闇の午前 4 時までに出発する．

　最初の 11 都市ツアーは 1909 年に行われた．その後，14 回行われ，1997 年が最後である．それ以降，大会を行うのに十分な氷が張るほどの厳しい冬はない．大会の準備が始まると，フリースラント州の人たちだけでなく，オランダ各地が盛り上がる．面白いことに，オランダでは，より過ごしやすい季節のイベントよりも，この最も寒いイベントに熱狂的な人が多い．参加者は登録制であり，ウェイティングリストまでつくられる．一般的な安全を管理するアイスマスターや地区長による地区ごとの状況を報告するシステムなど大会の運営は大変である．

　フリースラントは，ヘーレンフェーン（Heerenveen）に国内最大のスケート場，ティアルフ（Thialf）アイスアリーナがあり，現在もアイススケートのメッカである．

　こうした氷の物語で北部のツアーを終える．フリースラントにはさらに多くの伝えるべきことがあるが，南側のアイセル湖（IJsselmeer）とも関連するため，7 章に譲る．

7）　都市というのはヨーロッパのコンセプトである．中世において都市の法的地位を与えられた場所はわずかである．法制度の整備や経済政策の独立性を保つために努力が必要であった．実際，フリースラント州の都市は数千人の人口しかない．そのうち 2 つは 1000 人未満であった．スローテン（Sloten）の町は自分たちで「世界最小の都市」というスローガンを掲げていた．

写真87　1997年の11都市ツアー

6章
海面下の半島 北ホラント

　　　アムステルダムの北部地域では，典型的なオランダの田舎の風景に出会うことができる［写真88］．緑の草原が続く水平線，遠くにみえる銀色のポプラ並木や教会の尖塔．近づいてみると，カモが幸せそうに濠を泳ぎ，ヤナギ並木が排水溝に映り，水に囲まれた小さな島に，庭に花が咲く切妻屋根でレンガづくりの農家．牛が放牧され，大きな白い雲を背景にガチョウの群れが北へ飛んでいく．

　緑色の家と多くのチャーミングな場所［写真89］．ここには人間がつくってきた風景がある．この章では，この風景が，なぜ，どうやって生まれたのか，そしていくつかの場所についてより詳細に紹介する．現在，都市化が進み，道路や風力発電施設などのインフラ整備が行われ，のどかな風景が失われつつある．

　1章で，17世紀，低地の湿原が世界有数の豊かな土地へと変化していった過程を簡単に紹介したが，その開発によって大きな影響を受けた場所が，アムステルダムそしてそこから北のデン・ヘルダーの町までの半島地域である．

　現在の陸地は，1530年ごろはスイスチーズのように無数の穴があいた軟らかな土地であった［写真90］．嵐が来るたびに，あちこちに大きな湖ができ，また海水が入り込んで問題を引き起こした．もちろん，自然に非はない．一方，人々は，過去数世紀にわたって燃料調達のために泥炭を採掘し，水路をつくって湖とゾイデル海を結んだ．これが一層問題を大きくした．1200年以降，嵐が増加すると，最初の人間による大規模な自然改変が行われた．アルクマール（Alkmaar）とエンクハウゼン（Enkhuizen）の間の西フリースラント[1]と呼ばれる場所で，水の脅威に対抗するため，すでにつくられていた小さな堤防をつなぎあわせ，1つの大きな堤防システムをつくった．堤防建設技術の進展により個々の小さなポルダー干拓地は，1つの大きく，より強固な干拓地となり，地域の安全性は大きく向上した．周辺地域の大規模干拓とあわせ，126キロにわたる「西フリースラント環状堤防（Westfrise Omringdijk）」がつくられた．これは一部を除き現存する．そして1932年，ゾイデル海が閉じられる．安全性とはあまり関係ないが，環状堤防を利用して，古い絵画のような町，オランダの最高の風景をめぐる自転車

---

[1] 12世紀の嵐と洪水によりワッデン海ができる前は，この地域は，実際にフリースラントとつながっており，本当に西フリースラントであった．分断されたが，今でもいくつかの文化的な類似点がある．

写真88 冬の風景

写真89 マルケン島の家

写真 90　かつてのオランダの感潮域はほぼこのようであった

や自動車のツアーが行われている．すべてを見るには数日を要する（gids–op–maat.nl/site/index.php/gb/home で英語の情報を得ることができる）．

　次に，1600 年ごろアムステルダムの北約 40 キロに島がつくられた．しかしその他の地域は，カオス的であり，地盤が少し高くても村と農業は常に危険にさらされていた．干拓は 1530 年ごろから始まった．このプロセスで，実験的にさまざまな技術がテストされ，1 世紀後の大規模プロジェクトへの道を開いた．当初は，技術的にも財政的にも制約があったが，17 世紀になると急変する．スペインからの独立戦争の副次的効果によって，アムステルダムが世界の中心港になったのである．アムステルダムの商人たちは，にわかに大金持ちになった．しかし 1 つ問題があった．彼らは巨額の富をどうしてよいかわからなかったのである．イギリスの歴史家サイモン・シャーマ（Simon Schama）は，名著『あり余るほどの財産（Embarrassment of Riches）』の中で，このジレンマについて書いている．

　ほぼ一晩で商人たちは大金持ちになった．しかし，彼らの新しい宗教，プロテスタントのカルヴァン派では，世俗的な快楽は地獄への最短ルートだと教える．そのため彼らは 2 つのことをした．アムステルダムに今も残る素敵な環状運河と建造物をつくり，レンブラントらに自分や家族の絵を描かせた．ドイツの社会学者マックス・ウェーバーは，第三者が新規事業を起こすことを可能にしたということから，オランダのプロテスタントの商人が資本主義を発明したと述べている．オランダの広範囲の人々また海外からの多数の出稼ぎ労働者が，拡大する経済

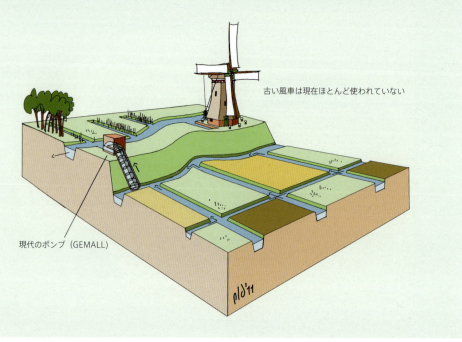

図11　ポルター干拓地のシステム

活動から利益を得た．この富は洪水によって一瞬にして消えてしまうということに，アムステルダムの商人たちの関心が移っていった．お金を投資して，土地の価値を高め，費用を回収する仕組みを考えた．アムステルダムの商人たちは，近くの水の多い地域に注目した．浅い湖は周りの（肥沃でない）泥炭がある場所とは異なり，底には肥沃な粘土層があることがわかっており，その干拓は投資する価値があると考えた．

前の章で述べたように，水を排出する風車はその200年以上前に誕生した．1598年，技術者シーモン・ステーフィン（Simon Stevin）が複数の風車を組み合わせて，深さ5メートルの湖から水を排出するシステムの特許を取った．1609年，前述したレーフヴァーターが，彼の生まれ故郷でこれを事業化した．複数の風車を組み合わせ，この地域の中心にあって周囲に脅威を与えていた大きなベームスター（Beemster）湖を干拓し始めた．1609年から1612年，水の排出が行われた．簡単だと思うかもしれないが，実際はそうでなかった．軟らかい下層土のもと，堤防をつくりその両側に水路をつくる．水路で水を分離することが排出を効率的にする．既存の古い堤防システムを拡張するこの方法は，他の地区への適用可能なモデルとなるものであった．段階的にみていこう．図を見ながら読んでほしい［図11，12］．

いかにして深い場所から水をくみ出すか．まず，湖や沼の周りに運河を築く．この運河の目的は，風車によってくみ出した水を一時的に溜めておくことである（オランダ語で，そのような取り囲んだ運河は*ringyaart*〔リング運河〕という）．次に，連続的に風車で水を排出していき，濁っ

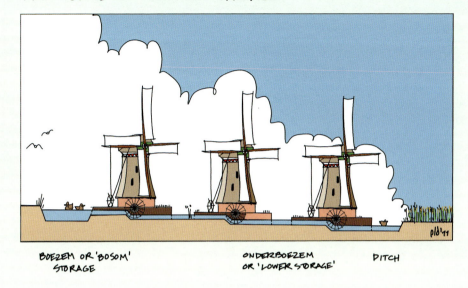

図12　風車のシステム

た湖の底が見えてきたら，最後に溝を掘削する．

合理主義の記念碑

　17世紀の合理主義を反映し，ほぼ長方形のベームスター地域において新しい土地を開発する最も効率的かつ費用対効果の高い方法は，短冊形の区画をつくり出すグリッドパターンであった．このデザインには，ウィトルウィルスとミケランジェロ，古典とルネッサンスの美の理想と対称性が影響した．この整序された幾何学的な風景を大縮尺の地図で確認することができる．1999年，合理主義の時代の象徴的なレイアウトを持つベームスター干拓地は，ユネスコの世界遺産リストに加えられた．ベームスター干拓地の幾何学的デザインは，その後の干拓地の規範となり，20世紀のゾイデル海の大規模干拓にも使われた［写真91］．これについては次章で紹介する．

　ベームスターは真のポルダー干拓地であり，人工的に水位が制御された最初の地域である．オランダの技術者はこの方法と用語を国外に紹介した．風車（現在はポンプ基地）が，環状堤防内側の水を外側へとくみ出す．そこからさらに海に排出する（現在はポンプの助けも借りている）．結果として，ホラントのほとんどの湖と運河は，深いところからくみ出した水を一時的に溜めておく機能をもっている．これらはboezemと呼ばれる．bosom（懐）と覚えておくと

写真 91　合理主義を象徴するオランダの景観の例

よい.

　70 平方キロものベームスター湖の干拓は大成功を収めた. ポルダー干拓地の底は, きわめて肥沃であり, 緑豊かな作物によりわずか 1 年で投資額を回収することができた. 投資家の関心はこの地域の似たような湖へと移った. 1622 年にプルマー（Purmer）湖（26 平方キロ）, 1635 年に大スフェアマー（Schermer）湖（62 平方キロ）が干拓された. スフェアマー干拓地の東側の村はスフェアマーホーン（Schermerhorn）であり, 今も 17 の風車が残る（ロッテルダムそばの世界遺産キンデルダイクには 19 ある）. スフェアマーホーンは, 美しく魅力的な風車の博物館である. ここの風車は, 当初の状態のまま現在でも活躍している.「水をくみ出せ, そうしないと溺れるぞ」という表現もある. たくさんの風車は, 当初, 湖の干拓のために必要とされた. しかし, 18 世紀, 蒸気機関の登場により, その数は減少した.

　17 世紀, スイスチーズのように多数の穴のあった土地は干拓により陸地になった. 北ホラント州だけで 123 の湖, 計 8 万 3000 ヘクタールが干拓された. これらはすべて風車の技術によりもたらされたことを覚えておこう.

　1628 年, アムステルダムのすぐ北にある, 水に囲まれた土地（waterland）の小さい湖が干拓された. ここは, 道路を 1 か所だけ横断するが, 小さな湖, とても低い土地, 広大なパノラマ, 美しい村, ハイキングやサイクリング用の狭く静かな道路がついた堤防の美しい田園風景が広がる［写真 92］. アムステルダムのスカイラインが遠くに見え, 1 年を通じて, 渡り鳥の楽

写真92　昔の景観

園となっており，特に春と秋にはたくさんの鳥が見られる．巨大な群れが飛んだり，泳いだりする姿は，間違いなくバードウォッチャーにとっても天国である．waterlandのいくつかの湖は，円形をしており，水深も深く，遺跡のように見える．そうした湖は，竜巻の渦を示唆して *wiel*（wheel）と呼ばれる．Wielen（しばしば *waal* とも呼ばれる）は，オランダ各地にみられるが，それらはすべて湖や川の近く，堤防が築かれている場所の隣にある．水深が深いことから，寒い冬でもなかなか凍らず，夏も相対的に冷たい．また堤防の補修は，通常これらの周りで行われる．

3章で述べたように，堤防の建設は容易ではない．管理しなければならない水がどんどん増加し，新しく，より大きな堤防建設技術が試された．しかし可能な限り強固な地盤を築くという基本的な考え方は同じである．ブルドーザーやパワーショベルがない時代，大変な労力を要した．

もう1つ述べておきたいことがある．それは堤防建設におけるヤナギの枝の利用である．沼地の土地にはヤナギがたくさんある．ヤナギが群生している場所は，英語でosierあるいはpollardと呼ばれるが，その高さは数十メートルにもなる．しかし実際には，若い，柔らかな枝が切り取られ，太古からかごなどがつくられてきた．そして堤防建設においても，重い粘土層の上にヤナギの枝を織ってつくった平らなマットレスとして使われ，基礎の安定性を高めた．現在もヤナギの枝が使われている．枝が切られてもすぐに新芽がでてくるため，群生地で

は数年ごとに切り取り作業が行われる．木の先端部が膨らみ，そこから枝がでているヤナギは，オランダ語で *knotwilg*（knot-willow）と呼ばれ，オランダの典型的な風景の一要素である．今日，ヤナギを切る職人が少なくなり，ボランティア団体がこの風景を維持している．ヤナギの枝は園芸のみならず，木靴にも使われている．他の国にもあるが，オランダを代表する樹木である．

　オランダの堤防建設には芝や木も使われる．芝は堤防の強化のために使われる．オランダのことわざに「堤防に芝を加えない」があるが，これは「氷が切れない」あるいは「なんの役にも立たない」ことを意味する．木は今でも広く使われている．波の力を弱めるため，堤防の前に木柱の防壁が配置される．埠頭や係留ポールなどボートや船の設備は木でつくられ，太いポールは港で今でも使われている．しかし1730年ごろ災害が起きた．西ヨーロッパで，フナクイムシ（shipworms，オランダ語で *paalworm*）が大発生したのだ．船と木製の港の建設に使われた堤防の被害からはじまり，深い溝の掘削に使われていた木が食い尽くされた．それ以降，木の船は，取り外し可能な銅による被覆がなされるようになり，堤防は木ではなく重い石を使ってつくられるようになった．退廃に対する神の罰のように，身近な災害から免れることはできたが，全世界を席捲していた海運が衰退し，繁栄にかげりが生じた．一方，堤防建設では岩を使うという技術革新がなされた．

　堤防は，洪水から国土の安全を守るために不可欠であったが，河川と運河との接続が問題となった．今日では，水門になっているが，かつては方法がなく，脆弱な堤防の安全性を保障できず，つなげられなかった．船は依然として小さく，持ち上げて堤防の上を運ぶことができた．これは *overtoom*（オーバーホール）と呼ばれる．この名前の通りがアムステルダム郊外にあり，そのほかにもアムステルダムの北，ザーン地域に2つの *overtoom* が存在する．ダムと橋の関係のように，オーバーホールは飲食業者を引き寄せ，小さなコミュニティが生まれる場所になった．

　ザーン地域にあるザーンセ・スカンス（Zaanse Schans）は，さまざまなタイプの風車が並び，木造家屋があり，たくさんの魅力がつまった野外博物館となっている．ザーン地域の軟らかい湿地の土地に軽量の木造住宅はあっていた．それらは，しばしば壁に素敵な木の彫刻が施され，深緑色とクリーム色で塗られている．

緑色に塗られた木造住宅

　おそらく何百年にわたり，湿地帯のザーン地域やその周辺に暮らす人々は，レンガではなく，より軽量の木を使って住宅を建ててきた．深緑色は，銅によって容易につくることができ，殺菌作用により木を長持ちさせることから使われたのだと考えられる．オランダでは緑色はどこでも手に入るが，その使用は伝統的にこの地域だけであった．クリーム色は緑色によく映えるため，これらはセットで使われる．自分たちの町の歴史的外観を保全したいと考えているため，自治体も地元の人たちも伝統的でない色の組み合わせに反対する．もし伝統

写真93 伝統的な地域デザインを持つザーンダムの新しいホテル

写真94　ザーン川

的な住宅へのこだわりを実感したいなら，ザーンダム駅の隣のインテルホテルを訪問するとよい［**写真93**］．階ごとに異なるデザインが組み合わされたユーモラスな外観をもつ建築物になっている．人によって好き嫌いがあると思うが，間違いなく北アムステルダムの面白い場所の1つである．

ザーンダムという地名は，ザーン川に由来するが，その周辺で17世紀（黄金時代），バルチック地方から木を運んで，アムステルダムの商人たちの船がつくられた［**写真94**］．さらに，帆をつくる産業や航海中の長旅にも十分耐えるビスケットをつくるベーカリーもつくられた．ヨーロッパ初の工業地帯であり，しかもそれは風車の動力で支えられていた．1811年，ナポレオン皇帝がこの地を訪問した際，何百もの風車を見て，"Sans pareil（見たことがない）"と叫んだといわれている．

ロシアとの交易

ザーン地域を訪れて感銘を受けた皇帝は，ナポレオンが最初ではない．その100年以上前，ロシアの皇帝ピョートル大帝が当時世界最先端の工業地域で実際に働いていた．ロシアの近代化のため，17歳のときにアムステルダムとザーンダムで造船などの技術を学んだ．最初はザーンダムで，仮名で暮らしていたが，約2メートルの身長があったことから素性が

知られ，その後はアムステルダムに移った．彼がザーンダムで一時的に暮らしていた家は，驚くほど小さくかつ天井が低い．現在，多くのロシア人観光客が訪れるスポットになっている．ピョートル大帝のオランダとの交流はその後も続き，サンクトペテルブルクの建設や船に関するロシア語にオランダ語が使われた．またエルミタージュ美術館には多くのオランダの芸術作品が収められているが，その基礎を築いたのはピョートル大帝である．アムステルダムに，近年この美術館の分室がおかれ，主としてサンクトペテルブルクの作品が展示されている．そして最後に，19世紀中ごろの皇室の結婚を通じて，オランジュ家はロシア帝国のロマノフ家の血も入っている．

19世紀に入り，蒸気エネルギーによって木造の帆船は不要になり，ザーンの工業は転換を余儀なくされた．帆をつくる工場がリノリウムの床材（オランダ語ではzeil）の工場に変わった．ザーンダムは今もさまざまな木材加工産業の重要拠点である．また缶詰が手に入るようになり，船の速度も向上したため，ベーカリーは業態を変えた．そのうちの一社は，ラスク，ビスケットやクッキー，チョコレートなどで有名なVerkadeである．現在，イギリスの会社が所有するが，ブランドの名前はそのまま残っている．

おそらく最も大きく進化した企業は，1880年代までザーン地域のある小さな八百屋から，コーヒー豆の焙煎をはじめ，さまざまなビジネスを展開し，オランダ最大のスーパーマーケットチェーンになったアルバート・ハイン（Albert Heijn）である．経営会社Aholdの本社は，近年アムステルダムに移ったが，ザーン地域には今も重要な配送センターがおかれている．初期の商店のレプリカがザーンセ・スカンス野外博物館にあるので，ぜひ訪れてほしい．

ザーン地区が工業地帯として生き残ることができた1つの重要な要因は，もう1つの北ホラント州の水に関連した開発と関連する．アムステルダムが世界の貿易拠点となった1600年代に再び戻ろう．地図を見ると，アムステルダムが海に直結していないことがわかる．アジアや他の大陸に航行する船は，まずアムステルダムの港を出ると，ゾイデル海の東を航行する．そしてテセル（Texel）島の北を抜けて北海に出る．しかし，航行の最初にハンディがあった．船がパンパス（Pampus）と呼ばれる浅い場所を通るとき，特にアジアから大量の商品を積んで戻るとき，海底の泥でしばしば航行できなくなった．潮が満ちるまで長時間待ち，さらに特別な浮き具（ship camels）をつけることもしばしばあった．今日，voor Pampus liggen（パンパスの前で横たわる）という表現は，アムステルダムの企業家の船が，ホームシックになった水夫にアルコールや売春婦を提供して，長い時間かけてなんとか通行することのメタファーである．

1819年，パンパスを避け，アムステルダムから海まで運河をつくろうというアイデアが生まれた．しかしそのためには貴重な低地のホラントを守る砂丘を抜ける必要があった．そこで，最短ルートの西ではなく，北へ向かうことにした．北ホラント州の干拓地の半島を抜けてデン・ヘルダーの町まで約75キロある．アムステルダムの投資家は，まずデン・ヘルダーからアムステルダムへと運河の掘削をはじめ，5年で完成した．この運河によってアムステルダ

写真95　アムステルダムの19世紀の水門　現代の水運にはあまりに小さい

ム港とザーン地域の産業が生き残ることができた．なぜなら，19世紀，ドイツのルール地方が工業地域として急速に発展し，海とのコネクションがよいロッテルダム港の重要性が高まっており，競争関係にあったからである．しかし残念ながら，船の大型化がより早く進展し，1850年ごろには，この運河は狭くかつ浅すぎて役に立たなくなった［写真95］．再び，より大きな運河が必要になった．岩を活用する技術も進展し，技術者たちはついに砂丘を抜けて運河をつくった．巨大な岩を使い，背後地の安全性を確保しながら，アムステルダムから可能なかぎり最短で，すなわち西に向かって北海に出ることができるようになった．

　当時，アムステルダムのアイ（IJ[2]）湾の水（かつては都市に直接面していたが，現在は鉄道駅の背後になっている）は今日より広くかつ西に流れていた．もともとゾイデル海の潮汐が入る汽水河口，ハールレム（Haarlem）以南は背後が砂丘となっており，ハールレムの北の砂地を抜けるしかなかった．ここは「最も狭いホラント（Holland op z's smalst）」として，偏狭さのメタファーとして使われる．浅い地下水位のところに深い運河を掘ることは難しかった．奇妙に感じるかもしれないが，運河をつくるために水を抜く必要があった．（蒸気の力で水を排出する）アイポルターの干拓は1876年に行われたが，新しい運河のための深い溝も同時に掘られ，延長

[2]　IJは'Ey'と発音する．英語ではJが消え，フランス語ではMarseille（マルセイユ）の'–eille'の発音である．オランダ語では1語の母音であり，地名を表すときには，IJと大文字で表記される．IJは水を表し，フランス語の'eau'と関連する．

2キロの北海運河が完成した．その後，何度か拡張工事が行われ，現在も機能している．運河の隣の低い土地から見ると，アムステルダムに向かう大型客船がビルのように見える．

運河の終点に，アイマイデン（Ijmuiden）という町がつくられた．町自体は，それほど魅力的ではないが，近くには見どころがたくさんある．巨大な運河の水門，北海に向けて1キロ以上続く港のピア（嵐でない日は，歩くことができる），古く頑丈な要塞[3]〔写真96〜99〕，漁港そばのおいしい魚レストラン，マリーナ，そして遠くに蒸気が立ち上る炉が見える素晴らしい砂浜がある．炉は 'Hoogovens' と呼ばれる鉄鋼業のものであり，地域の自慢であるが，今はインドの会社・タタ製鉄の一部になっている．夜になると，アイマイデンの2つの灯台とともに，炉の明かりが魅力的な景色をつくる．ロシア製の水中翼船に乗ると，アイマイデンからアムステルダムまで30分もかからない（ただし日中のみ）．またイギリス・ニューカッスルへの大型フェリーも就航している．

1870年代の干拓と新運河の建設により，いくつかの古い町また島が陸地化された．その1つに絵のように美しい町，スパーンダム（Spaarndam）がある．ここには，指で水を止めて堤防の崩壊を防いだとされる少年の物語で有名な人物，ハンス・ブリンカー（Hans Brinker）の像がある．またラウホーツ（Ruigoord）はかつて島であった．1970年ごろ，アムステルダムの工業地帯の拡張により，村を消滅させる計画が持ち上がった．しかし芸術家のグループや「ヒッピー」たちが，すでに住民が退去した住宅を占拠して開発をさせないようにした．経済が停滞したこともあり，彼らの独立は保たれた．1990年代になって，アムステルダムの生鮮品の積み替え港がすぐそばにつくられ，退去することになったが，ラウホーツではアムステルダムのヒッピーの跡を感じることができる．すべての住宅に，詩や絵が描かれ，かつての教会がコミュニティセンターとしてバーになっている．一見の価値がある村である．

オランダは水と戦い，常に勝利してきた．1960年，アムステルダム北側の郊外にある堤防が壊れた．寒い冬の夜，おそらく下を通っていた管路が壊れたことにより，小さな内陸の堤防が壊れ，北海運河の水が住宅に到達した．その高さは2メートルほどになり，軍，消防や警察の助けを得て数万人が急いで避難した．33時間をかけて堤防の穴を塞ぎ，ポンプで水を吐き出した．犠牲者は，驚いて心臓発作に襲われた高齢の女性1人のみであった．大規模災害ではないのだが，地域共同体が連帯して堤防や人命を守ることの重要性を伝える教訓として今日も受け継がれている．多額の義援金が集まり，洪水がもっと起こってほしいと望む輩(やから)がいるとのうわさも広がった．当時の写真は historischarchief-toz.nl/watersnood_1960.htm で見ることができる．

次に，多くの読者にとって今まで述べてきたどの場所よりもなじみがあると思われるアムステルダムの昔の話をしよう．アムステルダムは，13世紀にアムステル川にダムをつくってから発展した〔図13〕．最も有名で特徴的なのは運河（grachten）であり，「北のベニス」との愛称

---

[3]　forteilandijmuiden.com/ に写真やオランダ語の解説がある．

写真96　パンパス要塞島

写真97　円形の要塞　その1

写真 98　円形の要塞　その 2

写真 99　円形の要塞　その 3

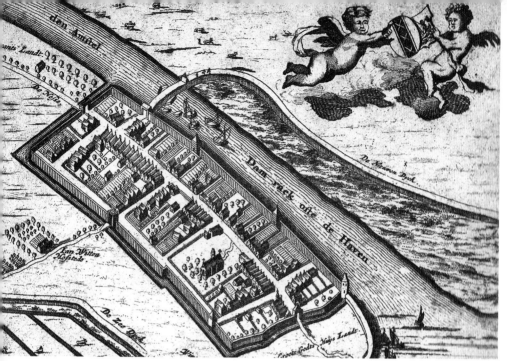

図13 アムステル川の元のダム　ただしこの絵はダムがつくられてから300年後に描かれた

で呼ばれ，2010年には世界遺産として登録された．都市の中心部の運河は狭くなったり，またローキン（Rokin）運河は埋め立てられ（ダムが拡張されて）通りになったが，そのほとんどは今もアムステル川と開渠でつながっており，たくさんの観光ボートであふれている．現在，埋め立てられた800メートルの部分を再び運河に戻し，かつてのアイ湾につながるアムステル川の流れを取り戻す計画がある．アムステルダム中央駅は，ちょうどその河口部に位置することになるが，そのことを認識している人はほとんどいない．

　もちろん，アムステル川はなくなってはいない．一部分は，ダムの下を通る数百年前につくられた古いトンネルやパイプラインで河口部に通じている[4]．しかし，多くの水は，運河ネットワークに組み込まれ，また浄化と水再生システムに使われている．運河の水は深緑色に見えるが，その多くはきれいな川の水が入っている．もちろん，山の清流ほどきれいではないが．運河の清掃は，通常週2回，水温が高くなり溶存酸素量が減少して有毒藻類が発生するときは週4回，夜に行われている．しかし水温が高くなることは稀である．水門を開けて，新鮮なアムステル川の水を運河に入れ，古い水をアイ湾に送る（なお，下水道のシステムは，これとは完全に分離されている）．アイムイデンには，なんと1分間に80万リットルもの水をポンプアップすることができる設備がある．アムステルダムの古い運河の水もこの対象である．

---

[4] 国定史跡とデパートがこの場所にあるため，はっきりとしたことはわからない．

もともと運河は物資の輸送のために作られたが，その後，水を溜めるというもう1つの機能の重要性が指摘された．前述したように，すべての運河がつながって1つの貯水地 boezem となっている．そのため，奇妙に思えるかもしれないが，一時的に余分な水を溜めておくために運河はきわめて重要である．運河がなければ，大雨のたびに道路が浸水し，地下水位が上がり，住宅や他の構造物の安定性に影響を及ぼすことになる．19世紀，いくつかの運河が道路のために埋められたが，現在はそのようなことはない．魅力的で伝統的な運河を守ることは，気候変動に伴い増加する豪雨対策にもなる．

　アムステルダムの複雑な水管理システムは特殊であるが，オランダでは特別ではない．アムステルダムは，14以上の異なるポルダーでできており，それぞれ独自の管理が行われている．少しだけ海面より高い中心市街地では，運河の水位が，アムステルダム標準水位 NAP よりも40センチ低く設定されている．雨のときには，この水位を保ち，道路や住宅，ハウスボートや公衆衛生を守るため，ポンプ排水が行われる．これら複雑なシステムを管理するのが，アムステルダムが属する水委員会である．ときには，一部のポルダーの水管理システムを切り離したり，洪水から守るために標高の低い公園を浸水させたりすることもある．

傾いた家

　アムステルダムのダウンタウンを散策すると，いくつかの家屋が補修でも塗装でもないのに，木製の足場によって支えられていることに気づくであろう．他にも少しだけあるいは明らかに傾いたビルがある．もしその傾きが道路に向かっているなら，何も心配することはない．雨水が木製の窓枠にあたらないよう，また家具を窓から入れるときに壁にあたらないよう，住宅を建てるときにわざとそうしているのである［写真100］．しかし，その傾きが横の場合は問題である．酔っぱらいの集団のように，お互いの建物が寄り添いあって支えあっているかのようにみえるところもある．この場合，明らかに建物の地下の構造に問題がある．これはオランダ語で verzakking，沈下あるいは垂みと呼ばれ，多くのトラブルや高い補修費用を伴う．この問題はオランダの他の都市でも生じているが，アムステルダムが最も多い．前述したように，オランダの地下水位の高いところにある住宅はしっかりした基礎地盤まで杭を打って建てられる．19世紀まではその杭は輸入された木材であった．しっかりした砂の地盤まで深さ20メートル程度あり，それ以上の長さが必要であった．建物の高さが制限され，スタイルはそれぞれ異なるが，運河沿いの美しく協調的な街並みの形成に寄与した．1650年ごろ，ダム広場に，アムステルダムの人々の誇り，今日「宮殿」として知られるタウンホールが苦労して作られた．1万3659本もの杭が軟らかい川の地面に打たれ，その上に建てられている．エンジニアリングの功績である．

　コンクリートの使用が始まるのは1850年からである．それ以降，高層かつ大きな建築物がつくられるようになった．東京駅のモデルといわれる現在のアムステルダム中央駅は，軟らかい地面の上に打たれた約8700本の杭に支えられ，1889年に完成した．現在，駅のすぐ

写真 100　意図的に前方に傾いている古い家

下を通る新しい地下鉄の新線建設のため，多くのかつ正確な計測が行われている．なお，駅と同じ時代で世界的に有名なアムステルダムのコンサートホールであるコンセルトヘボウは2100本の杭に支えられている．

アムステルダムの人々は，低層の中心市街地のスカイラインを好み，1960年代の高層の建築物を軽蔑している．オランダ中央銀行は中心市街地に近すぎると考えられている．現代生活では，シャワーやバスタブ，車や窓の清掃などより多くの水を使うようになった．十分明らかにされていないが，多くの場所で地下水位が下がり，家を支える木の杭の腐敗が進み，建物の不安定性を増加させていると考えられている．基礎を固定するには，多くの時間と費用を要する．そのための資金がなく，足場で住宅を支えているという状況になっている．予防が治療よりよいのは言うまでもない．沈降度を計測する会社もあるが，こうした住宅はなかなか売れないのが現状である．

もう1つ，海水面の高さでの暮らしの問題がある．アムステルダムの古い住宅の多くは道路よりも低い位置に地下室がある．もともと，ここはキッチンや個人が昼間だけ働く場所として使われてきた．その後，各階ごとにアパートとして別々の不動産として扱われるようになった．風や地下水の状況にもよるが，ときには夏の乾燥した時期でも，水が地下室に入り込み，水たまりができることがある．居住者にできることはモップかけをすることぐらいしかない．1600年代には，その対策として，家の側壁の限られた場所に，タイルとモルタルでできた箱を地下水に浮かべた地下室までつくられた．エダムにある博物館の地下でそれを実際に見ることができる．

オランダでは，郊外の新しい住宅であっても地下の湿度は高い．壁を密閉することで問題を多少解決することはできるが，費用が高いわりに効果はよくわからない．低地にある家を買う前には地下室をチェックすべきである．たとえ上の階に暮らしていたとしても，こうしたインフラ被害の金銭的負担が求められる契約になっている場合がしばしばある．オランダ語で *nattigheid voelen*（湿度を感じる）の実際の意味は「トラブル発生」である．

アムステルダムでは，徐々に運河の水がきれいになっている．その理由は，水委員会をつくり水量を管理しかつ環境への意識が高まったからだけではなく，アムステル川の水質が改善されたからである．1960年代前半から，オランダの環境が改善され，多くの魚や植物が水辺に戻ってきた．公式には認められていないが，アムステル川，アイ湾やいくつかの運河で泳ぐことが，ちょっとしたトレンドになっている．幸い，20世紀の汚染の最悪の時代に激減した動植物が再び目撃されるようになり，多くの人々がそれを歓迎した[5]．同時に，外来の動植物も増加した．本来，そこにあるべきではないのだが，人とモノの国際化はこうした問題も引き起

---

5) 1900年ごろ，サケは安く，簡単に手に入った．アムステルダムのメイドは，特に頼まなければ，夕食にはいつもサケ料理を出したといわれている．

写真101　運河の中につくられた「島」

こしている．

　アムステルダム市民は，まちを愛しているとともに家の前のみならず運河でも小さな庭をつくり自然を大切にしている．アヒルや他の鳥たちが子育てできるよう植物で島をつくったり，ときにはいかだの上で花を育てたりしている［写真101］．プラスチックの残骸や廃棄物を使って巣作りしている鳥もいる．哀れとも言えるが，母なる自然の中で生き抜いている強さも感じる．市では運河内に鳥たちが休憩できるスペースをつくっている．そこには水と陸の2つの世界がある．

　　サギ［写真102］

　オランダ全土，特に海岸のある州では，サギがたくさんいる．特にハイイロサギが多い．全長1メートルまで成長し，羽を広げると2メートル近くになる．浅瀬や湿地で虫，魚や小動物を捕まえて食べる彼らにとって，オランダは繁殖に理想的

写真102　都市に暮らすサギ

な場所となっている．人口密度が高いところでは人間に対して内気な鳥は生きていけない．都市で暮らす大型のサギも同じである．庭の池で魚を狙っている，運河のわきで休憩している，アムステルダムの市場が閉まっている時間に，通りに落ちているすべての食べられる野菜，果物などを採っているなどさまざまな姿に出会うことができる．サギは保護されているが，しばしばスポーツフィッシングの人たちを邪魔したり，また生息地を荒らしたりするので厄介者でもある．

かつて，レンブラントが絵を描いていた時代，アムステルダムの飲み水には問題があった．衛生的でなく運河の水質もひどく，定期的に疫病が発生していた．17世紀の知的な作家オルファート・ダッパー（Olfert Dapper）はアムステルダムを「息の臭いきれいな乙女」と表現した．運河は美しいが臭かった．そのこともあり，特に夏，お金持ちはみな郊外で過ごすようになった．レンブラントは，今は市街地と高速道路になった田舎の静かな風景をスケッチしながら川沿いを散歩した．しかし現在，飲料水の水質はヨーロッパで最も高い．

アムステルダムの飲料水

オランダで最初のアムステルダムの上水道は，1853年までさかのぼる．アムステルダムの水供給は，長年自治体が行ってきたが，今日Waternetと呼ばれる会社に移管され，そこが毎日26万立方メートル，約100万人の消費者に飲料水を供給している．通常，汚染や船が難破したりすることがない限り，70%の水はライン川から調達される．ユトレヒトの南側を通り，日光，フィルターや酸素による浄化と水質のモニタリングが行われている．残り30%は，ユトレヒトとアムステルダムの間にあるフェンスで囲まれているロースドレヒト（Loosdrecht）湖にあるポルダーからくる．水の一部は雨水であるが，多くは柔らかい地盤の下の地下水である．これらの水は特別な閉回路（ここもフェンスで囲まれている）に送られる．ここは周りよりも水位が高くなっており，外部から水が入らないようになっている．ここで日光にあたり，混入物は沈殿し，清浄化される．次に，ポンプでザンドフォールト（Zandvoort）近くの，チケットを買った歩行者のみが入ることができる「飲み水のための砂丘」に送られる．砂丘の砂のフィルターを20メートルほど地下に通る過程で，水が浄化される．その水が再びポンプアップされて，アムステルダム近くの配送センターに送られる．ここで，標準的なオゾン，鉄塩，活性炭フィルターにより，カルシウム，鉄分など望ましくない成分が取り除かれる．フッ素や塩素は添加されない．

ところで，Waternetは，飲料水のパイプの状態の管理，アムステルダムの運河の清浄化そして地域の堤防を管理する責任も有する．会社では，船舶の通行に支障がないように水路の深さのモニタリング，水質が基準以下になった場合の消毒，飲み水に関連する広域の他のプロジェクトに参画している．彼らの活動はきわめて複雑であり，そうした水会社は地域独占になる．ハーグ地域の水供給会社はDunea，ロッテルダム地域はEvidesである．小さな

自治体の会社はすべて民営化されている（すべての会社はウェブサイトを持っている．アムステルダムの会社は英語でも情報提供している．その他の都市では，外部との関係のみ英語での情報が提供されている）．

アムステルダムの衛生に関する最後の話は，不快なものである．今日では想像しがたいことをあらかじめ伝えておく．1870年代，下水道システムが導入されるまで，都市，特に，人々が密集して暮らし，多くの小さな産業が空気や運河を汚染していた貧困地域の衛生状態はひどかった．廃棄物やごみが運河に捨てられ，他のヨーロッパと同じように，19世紀にはコレラが何回か蔓延し猛威をふるった．運河の水は定期的に浄化されず，通りの清掃は住民に委ねられていた．高級な運河の家は汚水処理がなされたが，ヨルダン（Jordaan）のような貧困地域はそうではなかった（現在は，にぎやかな芸術地区になっている）．そこでは馬車のカートで汚水が回収された．アムステルダムの人々は，これを皮肉ってオーデコロンカート（*Boldootwagen*）と呼んだ．このシステムは下水道に接続される1930年代後半まで続いた［写真103, 104］．

北ホラント州の半島部の旅はこれでおしまいである．残りの南の州や隣接する南ホラント州に移る前に東側の水に注目する．

写真103, 104　1900年ごろのアムステルダムの汚水処理システム

7章
ゾイデル海からアイセル湖へ

　1960年代，私は学校でオランダには11の州があると教わった．現在，州は12ある．それは戦争で征服したり，州が再編されたりしたからではない．海との戦いを制したからである．

　1932年5月28日午後1時，アムステルダムから約70キロ真北の場所で，海は人間に負けた．式典が開かれ，延長30キロの直線道路を兼ねた締切り大堤防（Afsluitdijk）の最後の穴が閉じられた [写真105, 106, 107]．地図で北ホラント州とフリースラント州が堤防道路で結ばれていることが確認できる．式典の参加者はその歴史的な意味を理解していたが，特筆すべきは，最初にその道路を渡ったのは，政府の高官ではなく，たまたま一組の労働者が連れてきた女の子だったということである．その女の子は，式典のために着飾っていたが，靴とストッキングを脱ぎ，スカートを持ち上げて，粘土の上を北ホラントからフリースラントへとジャンプした．非公式だが，彼女は堤防の完成に関係する唯一の女性となった（当時は匿名とされた．当人のフリーチェ・ボスカー（Grietje Bosker）は，25周年記念式典に招かれ，100歳で生涯を閉じた）．

　フリーチェのジャンプによってゾイデル海はなくなった（公式には，4か月後となっているが）．北海の潮汐と切り離され，堤防より海側はワッデン海，陸側はアイセル湖（IJsslemeer，フリジア語で Iselmar）となった[1]．この湖の名称は，南東65キロから流れるアイセル川からつけられた．アイセル湖はオランダの中心部に位置し，そこに12番目の州がつくられた [写真108]．水深は最大でも5メートル程度であるが，面積約1800平方キロは西ヨーロッパ最大の湖である．オランダの水需給においてきわめて重要な役割を果たしており，洪水時のみならず干ばつ対策の貯水池としても機能している．多くのオランダの人々は，その広大さを愛しており，セーリングや周辺の風景，自然豊かな面白い野鳥の姿や野花を楽しんでいる．

　アイセル湖には，ホールン（Hoorn），エンクハウゼン（Enkhauizen），レマー（Lemmer）などにマリーナがあり，セーリングの場にもなっている．またフォレンダム（Volendam）やマルケン（Marken）の岸辺は旅行者に人気の観光地となっている．多くのオランダ人がセーリング

---

1) zuiderzeemuseum.nl/nl/17/ontdek/historische-kaart/ で紀元前から2009年までの変遷を見ることができる．また，mappinghistory.nl オランダのさまざまな都市の変遷地図を見ることができる．

写真 105 締切り大堤防(全長 30 キロ) 現在,自然再生事業が行われている

写真 106　1932年，締切り間近

写真 107　堤防の強化と拡幅

写真108　アイセル湖岸の村

や周辺のサイクリングなどを楽しんでいる．また夏の期間だけだが，エンクハウゼンと対岸のスタフォレン (Stavoren) を約80分で結ぶ小型フェリーも就航している．

　巨大な締切り大堤防は完成までに5年を要したが，それで終わりでなかった．海との接続部は，北海の潮汐の力また北西の風に十分耐えられるようにするために，さらに1年を要した．大きな玉石とアスファルトや岩を使って堤防をつくり，その上には道路ができた．

鉄道での連結

　鉄道敷設の技術的検討もなされたが，人口密度が低く経済性がないことから断念された．現在，電車でアムステルダムからレーワールデン (Leeuwarden) まで行くには，かつてのゾイデル海の周りを迂回する必要がある．将来，気候変動により再度堤防強化がなされる場合には，あわせて鉄道をつくろうということになるかもしれない．

　しかしかつての海の干拓地に鉄道はすでに敷かれている．アムステルダムからアルメレ (Almere) とレリスタット (Lelystad) を通ってヒルフェルスム (Hilversum) までつながっている．2013年，レリスタットから東側がつながり，北方への所要時間が15分短縮された．

　1932年，海は人間に負けた．湖に残った海水はゆっくり塩分が抜けていった．締切り大堤防をつくる主たる目的はゾイデル海を北海から切り離すことであった．何世紀もの間，海岸を

図14, 15　12世紀(左)と14世紀(右)のゾイデル海

脅かしてきた潮の影響がなくなり，失われた土地を取り戻すことができるようになった．わずか約700年前，猛烈な嵐と洪水によって低地ホラントとフリースラントをつないでいた泥炭層が流出し，この内海が生まれた［図14, 15］．かつてのアルメレに面していた湖がゾイデル海になった．それ以来，潮汐により岸から多くの土地が侵食され，村がなくなり，都市を脅かし，いくつかの場所は島になってしまった．オランダの中心に位置し，決して低地ではないアメルスフォールト（Amersfoort）まで海水が達した嵐もあった．

　普段は穏やかであるが，ときに危険なほど荒々しいこの内海は，1916年に最後の反抗をした（高潮が襲った）．当時，第1次世界大戦が起こり，オランダは中立の立場をとったが，周囲での戦争の結果，食糧不足となった．高潮による犠牲者は数十人であり，それほど多くなかったが，国としてこの脅威をなくすことを決めた．17世紀，オランダ人の技術者，発明家かつ数学者であったS・ステビンがつくったワッデン諸島をつないでゾイデル海すべてを陸地化するという計画が再検討された．「黄金の世紀」には，そのための手段や技術はなかったが，1800年代中頃，ゾイデル海を北海と切り離す計画が再び提案された．一部の人々はすべてを干拓すべきだと考えたが，多くは一部分だけでよいと考えていた．しかし，強い潮流により，どちらにしても当時の技術では不可能であった．

　19世紀後半，蒸気技術と金融システムによって，ゾイデル海を農地に転換する企業家組織が設立された．彼らは若い技術者コルネリス・レーリー（Cornelis Lely）を雇い，新しい計画を立てた．その計画は支払い利息の負担があまりに大きく，議会で受け入れられなかったが，レーリー自身が水事業の担当大臣となったこと，そして緊急対策が必要となった1916年の洪水により，実施されることになった．1918年，議会でゾイデル海を開発する法律が可決された．

　まず，最初に事業の概略を決める必要があった．どこに，どれくらいの規模の堤防をつくるか？　どこの土地が農地に向いていて，どこは向いていないのか？　アイセル川から流入してくる水をどうするか？　これらの問題を検討して事業計画が作られた．5章で述べたように，

図16 ゾイデル海の干拓

島の近くの海底はほとんどが砂であった．そのため，島より南側でホラントとフリースラントをつなぐ大堤防をつくり，ゾイデル海を締め切る計画となった．その利点は，新しい湖につくられる干拓地には巨大な堤防が不要になるということであった．農地に適した土があるということで，締切り大堤防近くの北側の小さい土地（I）とゾイデル海の隅の4つの大きな土地（II，III，IVとC）の計5つの新しい干拓地が計画された［図16］．

これほどの大規模開発はこれまでなかったため，潮流や塩水についての実験が必要であった．その場所として，流れが激しくなくリスクが少ないことから，北ホラント州の先端にあるヴィーリンゲン（Wieringen）島との小さな海峡が選ばれた．1920年から1924年まで慎重に実験が行われ，その経験を踏まえ，5年かけて締切り大堤防の建設が行われた．岩や玉石が足りないため，「氷礫土」（氷河時代の所産）と呼ばれている特定の種類の粘土が重要な材料となった（その本当の起源に関する科学的な検討以前に，硬い粘土を運ぶ巨人についての伝説があった）．氷礫土は広い地域に存在し，堅く，農地として使用が難しく，堤防建設にふさわしい材料であった．この粘土の塊を，あらかじめ編まれた葦のマットレスの上に，蒸気船から投入した．ちょうど潮の流れが変わる，わずかな静かな時間帯に，浅瀬の底に沈められた［写真109］．

締切り大堤防がまだ工事中のとき，もう1つの堤防が建設され，ヴィーリンゲン島からメーデンブリック（Medemblik）の町までがつながった．内側から莫大な量の塩水が排水され，約200平方キロの良好な農地がつくられた（起業家に「高値」を提示してもらうため，外から土

写真 109　締切り大堤防　今日，水が行き来できるようにしている

を持ってきて埋めたのではなく，乾燥させてつくったということを広報した）．いくつかの経験的知見が得られた．まず，地表面の高低差によって，土地は別々の水管理をしたほうがよいということである．1930年代，蚊が大量発生し，将来の開発に向けて，生物学者によるモニタリングが行われた．その結果，塩気のある土壌で行われた農業実験で，葦が塩を最もよく「吸収する」ということがわかった．繰り返し，これらを燃やしていくことで，徐々に塩分濃度が下がることがわかった．葦の「収穫」から数年後に，菜種などを育て，そしてようやく「普通の土」になった．1935年までにすべての土地が売却あるいは農地として貸し出された（図16のI）［写真110］．

新しい干拓地でのマラリア

　マラリアは，熱帯マラリアよりは危険でないが，オランダでよく発生し，「ポルター熱」という名がつけられた．ポルターから水が大量に排水された後，塩分を含んだ溝の水と泥が（マラリアを媒介する）ハマダラカの理想的な繁殖地になった．そしてはじめてその地域で暮らす労働者の非衛生的な生活は，マラリアを防ぐことができなかった．保健当局はきわめて深刻な事態と受け止め，マラリアを根絶するため，蚊帳を提供しただけでなく，夜間窓を閉める，牛舎と家とを別にする，そして溝をきれいにするなど多大な努力がなされた．これらが新しい土地から蚊を根絶するのに役立った．心地よく暮らせる場所になるには，さらに時

間がかかった.「水を陸に変えるには，2世代かかる」「最初の者はそこで死に，次の者はひどい目にあい，3番目の者がパンを得ることができる」と言われてきた.

一方，もう1つ流れが大きく変わる出来事が起きた．1929年の大恐慌である．多くの会社が倒産し，失業者が増え，オランダ経済は大打撃を受けた．失業者対策として，ノールドースポルター（Noordoostpolder）と呼ばれるアイセル湖の北東部に広い干拓地をつくる2番目の事業が実施された（図16のII）．この事業にも多くの長い物語があるが，簡潔に言うと，ウルク（Urk）島とスホクラント（Schokland）島の2つの小さい島と本土を接続する堤防が建設され，ポンプ排水を行った．この事業の途中に経済危機が発生し，第2次世界大戦が勃発して，ナチスがオランダを占領した．第3帝国を拡張したいと考えていたナチスは，他のすべての建設事業を中止する一方で，このプロジェクトだけが継続された．1944年まで，約2万人の抵抗勢力とドイツの強制労働から逃れてきた男性たちが隠れ場所として使い，ナチスを急襲し，1800人が逮捕された．

フレヴォラント州はノールドースポルターの他にも多くの新しい土地ができるまで待たなければならなかったため，最初の10年間，近隣のオーファーアイセル州がこの土地を統治した．フレヴォラント州としての最初の土地はオーステレック（Oostelijk）であり，その開発は1950年に始まり1957年に完成した（図16のIII）．ここに新しい都市がつくられた．まず堤防をつくる泥まみれの労働者がバラックで暮らし始めた．地域全体の計画者（コルネリス・レーリー）に敬意を表してレリスタット（Lelystad）と名付けられた．州都とされたが，長年，1950年代のつまらない建物があるだけだった．ここ数十年間でグレードアップしたが，計画通りには成長しなかった．創立から50年経過したレリスタットの人口は約8万人である［写真111, 112］．それでも，新土地（Nieuw Land）博物館と隣接する歴史的造船所バタヴィア[2]という2つの施設は見学に値する．バタヴィアでは，重たい木の柱，手で編まれたロープ，旧タイプの釘など17世紀の技術を用いて，オランダの外洋航行船が再び建造されている．

戦後，すべてのアイセル湖プロジェクトが設計されたときの状況から，経済状況は大きく変化した．オランダは欧州連合の一員となり，以前にも増して機械化が進展し，大規模農業が行われるようになった．またヨーロッパの経済的統合が進展し，食料の自給自足は重要事項ではなくなった．さらに，ヨーロッパでは1970年代，人と自然とのつきあい方が変わり，環境保全の重要性が認識されるようになった．

オランダ・デルタの動物

水に囲まれたオランダは，多種多様な鳥や魚に加え，多種多様な生きもの（例えば，カエル，サンショウウオ，ネズミ，ウサギやコウモリ）の生息地になっている．固有のカメはいない

---

[2] bataviawerf.nl/startpage.html（英語あり）

写真110　オランダの空はとてもドラマティック

写真111　レリスタット鉄道駅

写真112　アルメレ

写真113　カワウソ

が，珍しいトカゲやヘビ，両生類が存在する．彼らはみな無害である．それらより大型の動物としてイタチ，アナグマ，テン，キツネ，シカやノロジカそしてイノシシなどがいる．彼らは害を及ぼすこともあるが，これらの哺乳類のほとんどは，人があまり住んでいない東部もしくは乾いた砂丘の高い土地で暮らしている．なおオオカミは1850年代に絶滅した．

典型的な水生哺乳類として，カワウソやビーバーがオランダに生息していたが，国立公園といった野生生物保護への関心がほとんどなかった20世紀中頃の大規模な都市化，道路建設と工場汚染によって，1988年に絶滅した．その後，東ドイツから輸入された［写真113］．彼らは繁殖に成功し，国中の湿地帯で暮らしており，現在も慎重なモニタリングが行われている．高速道路と都市によって彼らの生息地が分断され，しばしばこの人口稠密な国で交通事故の犠牲になっている．

オーファーアイセル州の北西部ヒートホールン（Giethoorn）の湖域は，こうした動物に適した環境になっている．この人気がある村は『北部のベニス』と呼ばれている．道路よりもむしろボートで人や物資が移動・輸送されている（ただし，村の特徴はイタリアのベニスとまったく異なる）．ボート以外にも，魅力的なサイクリングツアーが近くの湖域で行われている［写真114］．

食糧増産という当初のゾイデル海プロジェクトの目的は時代遅れになり，空間，新鮮な空気

写真 114 ヒートホールン村

写真 115 かつてのマルケン島 今は本土とつながっている

そして自然といった目的の優先度が高くなった．そのため，ゾイデル海の西部，5番目にして最後のポルダーはつくる必要がなくなった．堤防が建設された[3]が，このマーカーヴァード（Markerwaard）の干拓は中止された．アムステルダムからそれほど遠くないことから，農業のために広大な平野をつくることやニュータウン，空港と若干の森をつくるのはどうかといった提案が議論された．しかし，いずれも拒否された．周りに歴史的な町があり，セーリングやその他の観光の経済的に重要な場所として，自然環境と伝統的な雰囲気を保つことがよいとされた．その後も，いろいろな利益団体による議論と議会工作が繰り返し行われ，2003年，最大のポルダー干拓地はつくられないことになった．将来，小規模なプロジェクトは実現するかもしれない．しかし，ヨーロッパの停滞した経済や食糧の余剰により，すぐには起こりそうにない［写真115］．

端にある湖 ［写真116］

北東のポルダーの干拓が行われた後，この低地からの余剰水のポンプ排出が，近くのより高い「古い土地」の水まで排水してしまうことが判明した．農業に悪影響が出た．フリースラントでは，より乾燥に強い作物に転換する必要が生じた．比較的乾いたヘルダーラント州のように，水の給水と排水を別々のシステムにする必要が生じた．地図を見ると，人間が2つの土地をわける細長い湖をつくり，古い土地と新しい土地をわけたことがわかる．このラントミーレン（Randmeren）「端にある湖」は，「より高い」土地の地下水と新しい干拓地の水を分離し，古い土地の乾燥を防ぐ．また船舶やレジャーボートが航行できるようになった．干拓により陸地になった古い漁業の町の住民も歓迎した．この湖に沿ってマリーナと小さなビーチが多数あり，セーリングや他のウォータースポーツなどレクリエーションという素晴らしい副次的効果が生じた．

1986年1月1日，レリスタットを州都とするオランダ12番目のフレヴォラント州が誕生した．マーカーヴァード開発を中止したため，人口と陸地面積の小さいオランダの州の1つであるが，現在より大きくなることはないと考えられている．一部の人々は，その人工的な性格としばしば長方形のデザインから，フレヴォラントを「ハイテク」行政区と言う．しかし，多くのオランダ人は，「新しさ」自体を評価するわけではなく，むしろ否定的である．これまで人口稠密な場所で暮らしてきたオランダの人々は，アメリカ人が中西部の平野に住むことと同様，フレヴォラントの居住に魅力を感じない．しかしまだ開発途上であり，州は長方形の都市計画や道路ネットワークをやめて森や保養地にしたり，文化的な活動を支援したりすることによって，州の魅力を高めようとしている．「アースアート」プロジェクトはその一例である．

---

[3] レリスタット（Lelystad）からエンクハウゼン（Enkhuizen）に至る道路となっている．アイセル湖と切り離され，現在マーカー湖（Markermeer）と呼ばれている（図16のC）．

写真116　人工的なレクリエーションの島

それには大都市や交通渋滞から離れて，広いスペースと静けさを楽しむ相当数の人々がいなければならない．

　しかし，フレヴォラントのすべてが新しいわけではない．歴史もある．新しい土地の農民は，約80隻の古い船の残骸，さらには第2次世界大戦においてドイツを爆撃するために東に向かう途中，ナチスによって撃ち落とされたイギリス空軍（RAF）機も見つかった．さらに古い考古学的な遺産もある．ここはかつて陸地であり，人々はここで暮らしていた．レリスタットの東で約9000年前の狩猟や採集生活をしていた人の骨などが発見されている．年代は下がるが，すべて水中になる前に，ここで農業をしていた人々も見つかっている．フレヴォラントは泥だらけのアトランティスである．

　中世に海がつくった内海で利益を得た人々もいた．アンチョビ，ウナギ，ニシン，ヒラメ，エビなど漁業が沿岸の多くの村の重要な産業になった．現在，フォレンダム，マルケンそしていくつかの町は観光地にもなっている．緑色をした古い家のほとんどは，定期的に起こる洪水に対応する必要に迫られて，支柱あるいは人工の盛土の上につくられている．この地域は，何世紀もの間，貧しい漁村集落であり，陸よりも海とつながった生活が営まれ，他の場所よりもしっかりと伝統が守られてきた．この伝統には，民族衣装，方言，慣習そして宗教がある．しかし，伝統は社会的統制にもつながる．内向的なコミュニティは，こうした慣例から逃げたい人にとっては息苦しい．例えば，こうした村への移住者は，今でも「よそもの」と呼ばれる．

写真117　フォレンダムの漁港

フォレンダムとその慣習 [写真117]

　多くの国には民族的な衣装があるが，「典型的なオランダ人」とされる，2つの小さな「翼」が突き出た白いレースの（頭頂から後ろにかぶり，あごの下でひもを結ぶ）帽子は，フォレンダム女性だけの特徴である．今日，土産物屋やホテルでその衣装を着た女性を見かけることがあるが，勤務時間中だけである．歴史的に，フォレンダムは，周りのプロテスタントの農業の地域から離れ，貧しいカトリックの漁業集落であった（今日でも，これら2つの宗教グループは対立することが多く，町の縁日やイベントの際，ときどきケンカが起きる）．1900年ごろ，外国の画家が，フォレンダムの絵のような港と衣装，伝統を発見した．スパンダール（Spaander）一家が宿泊施設を提供し，多くの芸術家が滞在した．芸術活動をして宿泊費を払った人もいた．このスパンダールホテルは成功し，昔のフォレンダムに特化したコレクションを所有している．こうして芸術家たちが最初にフォレンダムの美を発見し，その後，観光地化した．当初はお金持ちに限定されていたが，1950年代，アムステルダムとの間でバス路線ができ，庶民にも広まった．釣り船や聖メアリー像のある小さな港の周りを散策するのは楽しい．なお午後5時以降，バスは運行していない．衣装については，小さな博物館があり，他の地域文化とともに紹介されている．

　フォレンダムには，オランダの他地域の人ではわからない独特の方言がある．みなが強い血縁関係にあるといわれており，フォレンダムの電話帳をみると，同じ姓をもつ人がたくさ

んいることがわかる．おそらくニックネームで呼び合っているものと思われる．住民は，唯物論的で，体面を重視するといわれているが，加えて，周りの地域同様，よく働く．女性たちは，家の中では一生懸命掃除をし，家の外では各地の市場の露店で魚を売り，「フォレンダム」を誇らしげに宣伝する．また，フォレンダムは多くの音楽家や歌手を輩出している．オランダを代表する曲も多い（最後の最後に加えておくべきことは，2001年，地元のディスコで起こった悲惨な「大晦日の火事」である．14人の若者がなくなり，多くの負傷者が出た）．

アイセル湖の周りにあるフォレンダムや他の漁業の町は，1932年からの新しい時代にあわせる必要があった．締切り大堤防の閉鎖とアイセル川の水が入ることにより，海水が徐々に淡水化していった．当然ながら，魚の種類が変化していき，周囲の漁村の経済活動に影響を及ぼした．彼らは，締切り大堤防を抜けて北海に出て操業するか，ウナギなどの地元で手に入る魚類を捕まえるかを選ばなければならなかった．1960年代，ウナギはどこにでもいて，またよく食べられていた．その後，乱獲やウナギを餌にするサギの増加などにより，絶滅危惧種になった．それでもまだ古い漁業の町の港でウナギを捕獲する船を見ることができる．捕獲されたウナギは，ウルクならUK，マルケンならMK，フォレンダムならVD，テセル島ならTXなど，産地のコーディングがなされている．

オランダで魚を食べる

ほとんどの外国人は，オランダ人が「生の」ニシンを食べることを知っている．露店の前で，尾をもってニシンを食べている写真がよく紹介されている．アムステルダムの人たちは，あらかじめカットされ，刻んだ玉ねぎを振りかけたニシンを食べるのを好む．驚くべきことに，今の多くのオランダ人は，オメガ3脂肪酸をたくさん含むと称賛されているニシンをそれほど好きでない．またニシンはまったくの生ではない．確かに調理はされていない．しかし，（船の上で）不必要な内臓や頭が除去され，さらに塩水あるいは酢ベースのソースで保存される．寄生虫の影響がないよう冷凍されることもある．ニシンはオランダ人の大好物としての長い伝統があるが，北海では乱獲を防ぐ措置がとられている［写真118］．

多くの魚が獲れる世界有数の海があるにもかかわらず，ポルトガルや日本など海に面した他の国と比較して，オランダ人はあまり魚を食べない．伝統的に，多くのカトリックの人々は金曜日に魚を食べるが，その他の大部分のオランダの人々においてはそうした習慣はない．ようやく近年になり，バイオ産業や家畜の病気などの悪いニュースにより，より自然で健康志向であるとして，多くの人々が魚に関心を持つようになった．それでもオランダにおける魚の消費量は低いままである．最近まで，調理法もあまり進展しなかった．今日でも，多くのオランダ人は，自宅に臭いがつかないように，露店や店で新鮮な魚のフライを買う．フライで人気があるのは，タラ，コダラやカレイである．都市あるいは漁業の町にある通り沿いの市場に行けば，簡単に多種多様な鮮魚を見ることができる．

写真 118　露店の魚屋

　フォレンダムから短時間ボートに乗ると，マルケン島に到着する．そこは（民族衣装，支柱に支えられた家，港などの）観光スポットだけでなく，風景も魅力的である［写真119, 120］．もともと，モニケンダム（Monnickendam）港の前は干潟であり，1400年代に農業の準備のために送られたフリースラントの修道士によって堤防が築かれた．漁業とサブカルチャーのまち，マルケンは1957年に本土とつながった．徒歩で島を散策できる．駐車場から，小さな中心市街地のある左へ向かうと，絵のような風景が広がる．反対に右に曲がると，3つのwerven（波止場）が見える．テルプ（洪水から逃れるための人工の丘）になっていて，小さな連なる緑色の木造住宅，花咲く小さな庭，ヤギ，排水溝を泳ぐアヒルやガチョウ，波止場そしてアイセル湖の素敵な風景に出会える．

　堤防近くの水の中にいくつかの不可解な金属の構造物がある［写真121］．夏，これらをみても，その目的を推測するのは難しい．これは冬，氷から堤防と背後の集落を守ることを目的としている．厳しい冬，淡水になったアイセル湖は凍る．かつては塩分を含むゾイデル海でさえ氷で覆われた[4]．オランダの気候では，これは通常東の風で起こる．アムステルダムへ（から）

---

[4] しかしここはスカンジナビアではない．1963年の極度に寒かった冬，凍った湖を車で横断した人がいる．

写真119　マルケン島にある巻き上げ式の橋

写真120　エビ漁

写真 121　流氷を壊すための金属の構造物

出航する船は砕氷船の後についていく必要がある．西風になり，氷が溶けて動きはじめても問題はしばらく続く．静止船または堤防などの障害物により，氷山が積み重なる可能性があった．そこで，この大きな金属の三角形が氷を割り，力を弱め，堤防の破損を防止する．マルケンでは，オランダで最もロマンチックな灯台まで歩くのもよい［写真122］．晴れた日には，アルメレのスカイラインやレリスタットの白いテレビ塔を見ることができる．水に囲まれたこの場所はマーカーヴァードの干拓が計画されていたところである．

　最後に，興味深い施設について話をしよう．エメロート（Emmeloord）とカムペンを結ぶN50道路沿いがフェスティバル・ステージのようになっている．世界で唯一の膨張式ダム（*Ramspol*）であり，2時間で水と空気で満たされてダムになり，猛烈な嵐の間，アイセル湖の高い水から背後の低地を保護する．2015年は2回使われた．

写真 122　寒い冬のマルケン灯台

写真123　南フリースラントの粘土の崖

船の建造

ゾイデル海の周辺には長い伝統をもった造船の町がたくさんある．それぞれの町で漁場の水深にあわせて船がつくられた．漁師や，専門家がいる地域の博物館でより詳しい情報を得ることができる．より大規模な船，例えばクルーザーや軍艦は，ほとんどがロッテルダムの川東で建造された．

1970 年代，オランダの造船業は，賃金や経費などが安いアジア諸国との競争に負け，衰退していき，特殊な分野だけが生き残った．アイセル湖の周辺（また各地）で，アラブの石油王ら世界の大富豪向けの小型から中型のセーリングあるいはモーター付きの豪華なヨットが生産されている．オランダのヨット生産は，世界最大かつ最も高価なものである．船は大きくなくとも，海の巡航は多くのオランダ人に人気がある趣味であり，造船は依然として伝統と熱心な地元市場により支えられている（おそらく「ヨット（yacht）」という英単語は'*jacht*'というオランダ語からきている）．

アイセル湖には，かつて島だったところがあと 2 つある．それらは，1942 年ノールドースポルターに取り込まれた．まず，ウルク島は，ゾイデル海をつくった高潮洪水の前は，泥だらけの平野に浮かぶ巨大な強い粘土の塊だった［写真123］．それ以来，人が住み続けている古い漁村であり，オランダ最大の船団を有し，村の旗は青地に魚が描かれている．帰ってこない漁船を捜している女性の像が，長年の間，海の犠牲者になった人々（中には子どもも含まれる）の名前が刻まれている銘板の隣に立っている．ウルクは，伝統的な衣装，強い方言，そしてとりわけ保守的な人生観，世界観を形成する厳格なプロテスタントの宗教的な考え方を共有するコミュニティである．こうした特徴および長年の隔離によって，ウルクは他の地域とは大きく異なっている．世帯人数そして若い人々が多い．また高齢者が少なくオランダで最も平均年齢が若い町になっている．19 世紀，ウルクの人々はオランダの中で最も純粋であったかもしれない．いくつかの古い頭蓋骨が発見されたが，科学的研究のために不法に持ち出された．2010 年，それらは村に返還され，静かに祈禱が行われ再び埋葬された．

1942 年の干拓により，ウルクの漁業の伝統は脅威にさらされた．これまでよりも遠くで操業したり，ウルクには戻らず海に直面するオランダの港に移転したりする船もあったが，漁業は存続した．捕獲された魚の多くがヨーロッパ諸国に輸出されている．しかし，ウルクの経済は停滞している．EU 規制にウルクの住民は強く反発した．

もう 1 つ生活を脅かす計画が持ち上がった．周辺に 93 台の最新の風力発電機が（高さ 130

写真 124　現代の風車は海辺に設置されている

メートル）が設置されることになり，同様に反対した．抗議活動を受けて，ウルクの近くの「スカイライン」が残るよう変更が行われたが，依然として反対が続いている［**写真 124**］．

　もう 1 つのかつての島は，ウルク島の約 10 キロ東にあるスホクラント島である．1859 年，国王の命令によって 650 人の全島民が本土に避難して以来，無人島となった．ウルクとは異なり，島の土は硬い粘土ではなく，軟らかい泥炭であり，波に弱い性質をもっていた．19 世紀まで，スホクラントには居住可能な小さな丘が 3 つあり [5]，狭い桟道によってつながっていた．道でハグをするかのようにしてすれ違わなければならなかった．相当な数の人々が移住に抵抗したが，最終的に灯台と古い港の管理をする数人の男性を除き，ゾイデル海の周りのいろいろな漁業の町に移住した．

　しかし，古い島の記憶は残っている．教会，古い墓地（現在の港に面し，木の壁の一部が残る）そして博物館では初期の家がいくつか再建されている．1995 年，この変わった島がユネスコ世界遺産地域に認められた．事実，訪問する価値がある．残念なことに，乾燥により，かつての島は沈下している（スホクラントのかつての海の底を歩く約 2 時間の面白いツアーがある）［**写真 125**］．

---

[5]　それらの名前は，干拓された後に，Emmeloord, Ens, de Zuydert と名付けられた．

写真 125　かつてのスホクラント島は周りより少し高い

スホクラントに暮らしていた人たちは，先祖の遺産の保存活動を行っている．1980 年代，彼らは島の歴史と姓に関する組織を設立した．ウェブサイトはオランダ語であるが，古い写真と図面を見ることができる（schokkervereniging.nl）．

アイセル湖と災害

　ゾイデル海は，荒天時，波が「押し上げ」られ，とても危険であるとの悪評があった．今日のアイセル湖も決して安全ではない．1983 年の春，この地域を突然襲った強風レベル 10 の嵐によって，10 人以上がなくなった．南西の英国海峡からやってくるこうした異常な嵐は「海峡の裏切り者」というニックネームがついている．
　1849 年 1 月，事件が起きた．寒さが何週間も続いた後，アムステルダムの北，ドゥーハーダム（Durgerdam）村の父と 2 人の息子が，穴を掘って氷の下にいる魚を釣る「氷上の釣り」に出かけた．男たちは氷が解けはじめていることに気づかず，ゾイデル海のまわりに浮いている大きな氷棚で漂流した．氷の上で 2 週間，雨水を飲み，生魚を食べ，寒さ，暗闇そして雨に必死に耐えた．彼らが行方不明になっていることがわかってからも，誰も彼らを助けに行くことができなかった．その後，反対側の岸から漁師たちがなんとか救出したが，生き残ったのは 1 人の息子だけだった．この話は国中に広がり，彼と，夫と息子 1 人を失った彼の母親への，おそらく初の全国的なチャリティ・キャンペーンが行われた．

写真 126　エンクハウゼン

　ゾイデル海各地の奥深い歴史についてもっと学びたければ，アムステルダムの 50 キロ北にあるエンクハウゼンに行くとよい［**写真 126**］．ここは素敵な歴史的な町であり，ゾイデル海野外博物館（夏のみ営業）がある．ここにはかつて海だったときのさまざまな町の家が再現され，1900 年ごろの日常生活を体験することができる．夏は，駐車場からボートが出ている．同じチケットで町のはずれにある船の（屋内）博物館にも入場できる．ここには，ヨーロッパ最大の木造船のコレクションがあり，伝統的また現在の海にかかわる暮らしについて学ぶことができる．

　ここに車で出かけるなら，1970 年代につくられた堤防の上を通ってレリスタットまで行くこともできる．濃い霧でない限り，他では感じることができない，海の上を運転しているような気分になれる．冬，周りの水が凍っているときは，南極大陸にいるかのように感じられる．

　アイセル湖に関するこの章を閉じる前に，フリースラントの北の水辺について 2, 3 の話をしよう．スタフォレン（Stavoren）は，東にある湖岸にオランダで唯一の断層がみられる町である．締切り大堤防の建設に用いられた硬い粘土層からできており，高さ 10 メートルの急峻な崖は軟らかな土壌をもつオランダではきわめて特殊である．一方，ラークスム（Laaksum）はオランダ最小の港であり，ヨーロッパ最大の港湾都市・ロッテルダムとまったく対照的である．

　数百年前，フリースラント最小の都市，人口わずか 900 人のスタフォレンは，現在よりも重

写真127　スタフォレンの奥方の像

要な港であり，ポーランドから穀物を輸入する多くの船が往来していた［写真127］．ある尊大でケチな未亡人の豪商がいた．彼女は，世界で最も貴重な宝を持ってくるように，と船を出した．しかし船長らが持ち帰ったのは，金色に輝く最高の麦であった．激怒した彼女はそれらを海中に投げ捨てるよう命じた．「この世には飢えた貧しい者がたくさんいる．あなた自身も貧乏になるかもしれない．考え直すべきだ」という助言に対し，彼女は，宝石のついた指輪を指から抜き，それも海中に投げ入れて「海がこの指輪をもう一度，私に返してでもくれない限り，私は決して貧乏にはならない．さあ，荷はすべて海に捨てなさい」と言った．まもなく，お祝いの夕食で大きな魚が供され，なんとその魚から指輪が出てきた．そしてその未亡人は貧乏になった．さらに普通ではありえないことであるが，女性の砂（Vrouwenbank）と呼ばれている近くの砂州で，海に投げ捨てられた麦が育ち始めた（昔話『スタフォレンの奥方』）．

これは貪欲さを戒める話であるが，港が泥で塞がれ，貿易と富が失われたスタフォレンの町全体のメタファーである．しかし，何世紀も経過して繁栄が戻ってきた．1963年以降，マリーナからヨットに乗ると，港の外を見つめる未亡人の像が見える．ヨットを所有していなくても，夏の間エンクハウゼンまで1.5時間で結ぶボートに乗ると彼女に近づくことができる．

こうした歴史があるが，現在そして将来のアイセル湖はどうか？　おそらく現在の湖の最も重要な役割は，水の貯水池として大雨や干ばつから国土を保全することである．常に北海の水位よりも低く設定されているが，冬は雨や雪解け水にも対応できるよう一層水位が低くなって

いる．夏は干ばつが起きても水を供給できるよう水位は少し高めに設定されている．2011年の乾燥した夏，公共事業局は平常時よりも10センチ高い水位に設定した．

　先に紹介したが，アイセル湖のレクリエーションについて知っておくとよいことがある．人口密度が高い国で暮らしているオランダ人の多くは，フレヴォラントも含め，自然地を高く評価する．それらの1つは，まったく予期しない形でもたらされた．1968年，南フレヴォラント，アルメレの周辺を干拓し，インダストリアルパークをつくろうという計画が持ち上がったが，結局中止になった．周りの土地よりも少し高かったため，ポンプで水を送るのも困難であった．そうこうしている間に，鳥や植物がその地に侵入し，新しい魅力的な生息地になった．当初，そこをレリスタットにつなぐ鉄道の線路が通る計画であったが，ルートが修正され，鳥たちのサンクチュアリになった．しかしそれは長続きしなかった．2011年，鳥インフルエンザが発生し，ハイイロガンやガチョウ類が多数感染した．オランダで冬を過ごす20万羽を加えて40万羽を処分する計画が立てられた．しかし，自然について感傷的な都会の人々，また狩猟はエリートの残酷なスポーツであると認識されているこの国では論争となっている．

　この地域は，オースファーデァス湖（Oostvaardersplassen）と呼ばれ，鳥以外にも，シカ，ウシ，ウマなどさまざまな哺乳類が草地に移入された．動物たちはその地域に元々いたかのように暮らしていた．40年が経過し，かつての海底で人間が作り出したこの土地は，たくさんの鳥が生息する西ヨーロッパ最大の自然地になっている．生態学的にはよいことであるが，大型の動物にとってはあまりに狭い．2010年の寒く雪の多い冬，動物は自然淘汰プロセス（「適者生存」）に任せるべきか，それとも餌を与えるなど人間が介入すべきか，国会で論争が起こった．これまで野生生物の保護にかかわってきた人たちは介入すべきでないと考えており，寒い冬が来るたびに論争が繰り返されてきた．これらの大きな動物の他にも，小さなヘビや他の爬虫類，多種多様な鳥，ワシやミサゴ（魚を食べるタカ）が見つかっている．ロシアやタンザニアなど自然があふれる国からきた人は理解できないかもしれないが，自然が大好きなオランダ人にとっては，とても素晴らしいニュースになった．メディアが取り上げ，たくさんの双眼鏡とカメラを持った鳥マニア，野生生物ウォッチャーや生態学者らが現地に集まった．彼らは，調査結果を他の熱心な人と共有して喜ぶ（あなたもそうかもしれないが）．干拓地の西の堤防の上をドライブする，あるいは電車でレリスタットに向かうと左側に，こうした自然を垣間見ることができる．鳥類を見るために，いくつかの隠れた観測場所も設けられている［写真128］．

写真128 オースファーデァス湖域の自然

8章
ホラントの中心部

この章では，アムステルダムとロッテルダムの間の地域について述べる．ここは，経済的，文化的，政治的など多くの点で国の中心である．面白いことに，オランダで最も標高が低い地域でもある．人口密度が高く，大都市と小都市があり，最も自然が少なく，デルタの元の環境が残っていない地域である．しかし，このことによって，たくさんの興味深いことがある［写真 129-132］．

　多くのオランダ人が暮らすホラントの中心部の標高は平均マイナス 6 メートルであり，中にはそれ以下のところもある．全体は 1 枚の皿のように，周りが少しだけ高くなっている．ほとんどの都市は皿の縁に位置している．この地域を表すランドスタット（Randstad）は，「環状都市」また「縁にある都市」という意味である．ここに約 700 万人が暮らし，ヨーロッパ第 5 位のメトロポリスを形成している．ただし，南東部には都市はなく，実際に都市が環状になっているわけではない［図 17］．

　ランドスタットの明確な定義はなされていないが，ロッテルダム（Rotterdam），ハーグ（The Hague），ハールレム（Haarlem），アムステルダム（Amsterdam）そしてユトレヒト（Utrecht）を含む区域を表す．境界をどこに設定するか，例えば，ザーンスタット（Zaanstad），プルメレント（Purmerend），アルメレ（Almere）やドルドレヒト（Dordrecht）は含まれるのか，についてはさまざまな意見がある．定義はどうであれ，ランドスタットは，高密な地域であり，産業と金融でオランダの経済の中心である．ありふれた言い方では，ハーグは政治の首都，ロッテルダムは経済の首都，そしてアムステルダムは文化の首都と呼ばれる．しかし実際にはより複雑である．意思決定が行われる忙しい中心市街地，大規模な産業地域，渋滞している高速道路や満員の鉄道そして自然が残る広大な郊外．海水面より低い場所でさまざまな活動が行われている．低地のため，洪水など災害のリスクがあるが，誰もそのことを気にしていないように見える．これは一体どういうことなのか？

　これまで述べてきたように，土地は人間の介入によって低くなった．先人は，川の土手や砂丘の陸側など高くなっているところを選んで居住し始めた．湿地で使えない場所は，森や林（holt）になっており，この Holt-land から Holland になったといわれている．ここを征服すること，具体的には，乾燥させて泥炭層を掘り，農地に変えていくことで，土地はどんどん低くなっていった．

写真 129 新興住宅地 その1

写真 130 新興住宅地 その2

写真131　ロッテルダムの新市場

写真132　ビネンホフ　オランダ議会や行政府がおかれている（ハーグ）

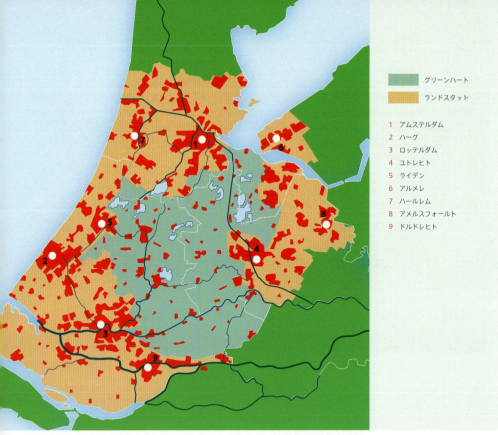

図17 ランドスタット

海より低い川？

　低地の南ホラント州には，ユトレヒトからライデンを通り海に注ぐ古ライン川とユトレヒトからハウダ（Gouda）を抜けてロッテルダムの東のレク（Lek）川につながるホランセ・アイセル川（Hollandse IJssel）川がある．理解しがたいかもしれないが，海面より低い位置にあるにもかかわらず川が流れているのである．何世紀もの時間を経て，川に隣接する地域は，海より低くなっていき，人々は河川堤防をつくり地域を守った．そのため，川の水位は周りの土地よりも高くなっている．

　ホランセ・アイセル川は特別である．もともと，ユトレヒト市の南を流れるレク川の支流だったが，1285年，レク川の堤防を拡張・強化した際に分断された．現在，ホランセ・アイセル川は周囲の土地から徐々に排出される水のみが流れている．

　皿の中央，最も標高の低い地域は，現在「グリーンハート（Groene Hart）」と呼ばれ，他の場所よりも人口密度は低い．標高の低いグリーンハートの周りを少しだけ標高の高い土地にあ

る都市が半円状に囲んでいるのがランドスタットである．特徴的な都市の1つは，ロッテルダムやシーダム（Schiedam）など，嵐の間，海と切り離すためにダムをつくって発展した町である．アムステルダムもそうであるが，海から少し離れた内陸のところに，ちょうど河口部が港の機能を持つように，ダム広場が作られている．ロッテルダムだけは，現在，ダムがどこにあったかわからなくなっている．

ロッテルダム——ロッテ川のダム

ロッテルダムはロッテ川のダムの周辺で発展した．ロッテ川は北から流れ，マース川につながっている．川は水路になって，今でもそこにある．自然の状態の川を見たければ，自転車でロッテ・カーデ（Rotte-kade，ロッテ川の岸壁）からロッテルダムの北にあるオモーツ（Ommoord）に行くとよい．ロッテルダムのダウンタウンにあったダムは1800年代後半に道路の下に消えた．1940年の爆撃を受け，戦後，都市が再建されてもダムは再生されなかった．ダムはビネロテ（Binnenrotte）通りと，かつてのかさ上げされた堤防で今は商店街となっているホーフストラーツ（Hoogstraat）という古くからの通りが交わる，今の中央図書館のそばにあった．水はないが，ここがロッテ川のダムの場所である．川の河口は，古い港（Oude Haven）となっている．地図をみると，ロッテ川がこの古い港とタウンホールや世界貿易センターの後ろを流れていたことをトレースできると思う．近くに，水のない「都市」の通りであるが，静かで田舎風のボータスロート（Botersloot，オランダのバター）という通りがある．

もしロッテルダムのかつての雰囲気を体験したいなら，隣接するシーダム（Schiedam）に行くとよい．この町は，保全整備された港，ダム広場や商店街があり，とても魅力的である［写真133］．

ダムの町に加えて，ランドスタットのもう1つの特徴的な街は，砂丘のすぐ後に位置するハーグである．その土は，砂だらけでも水だらけでもなく，足は濡れず，よい作物ができる．ハーグは，現在，ホフフェイファー（Hofvijver）「法廷の池」と呼ばれる池の近くの大邸宅の周辺で発展した．その大邸宅は城になり，時を経て，現在オランダ議会になっている．もう1つ物語がある．ハーグには，ハーフセ・ベーク（the Haagse Beek）という，かつて砂丘からホフフェイファーに水を供給していた小川がある．今はそのほとんどが道路の下に消えたが，一部を平和宮殿の庭などでみることができる［写真134］．

ハーグ—伯爵の垣根

昔，ホフフェイファーの沼地周辺の高くなっているところは森林地帯であった．そこの邸宅は1229年にオランダの伯爵が取得し，徐々に大きくなり宮殿となった．オランダ語で伯爵は graaf．区画を仕切る垣根，茂みや道は heg あるいは haag という．よって，「伯爵の垣

8章　ホラントの中心部　　177

写真133　シーダムの歴史地区

写真134　スヘフェニンゲンからハーグを臨む

根[1]」は，*des Graven Hage*，その後，*s Gravenhage* となり，これが都市の公式な名前となっている．言うのも書くのも複雑であることから，'Den Haag' と簡略化された．1600年代以降，この都市が国の外交の役割を担っている．他の言語では，The Hague, La Haye, L'Aia, Haga などさまざま表記がなされている．

ハーグは，「高い土地は裕福な生活，低い土地は幸運が少ない」というオランダを象徴する2つの異なる区域に分けられる．鉄道の西と東で，地理的のみならず経済的，社会的にはっきりした違いがある．

ハーグの西側は高く乾いた砂丘の土であり，東側は低く湿った泥炭の土である．高さの差は数メートルであり，大きくはないが，有意な差である．伝統的に，オランダでは，砂丘あるいは内陸の似たような砂地の土地に良好な住宅地があり，湿っていて軟らかく低い泥炭の土地には低所得者が多い．高級住宅地の例を以下に示す．カイクダン（Kijkduin）（ハーグ），オーストヘイスト（Oegstgeest）（ライデン近郊），アーデンハウト（Aerdenhout）およびブルーメンダール（Bloemendaal）（ハールレム近郊），ホイ（the Gooi）地区（ヒルフェルスム近郊），ヒルフェスベルフ（Hillegersberg）（ロッテルダム）．

スヘフェニンゲン（Scheveningen）[写真135]

ハーグのきわめて特別な地区は，スヘフェニンゲンというかつての漁村である．もともと砂丘のそばで独自の方言や伝統的な衣装を有する都市で，長い間独立していた．19世紀，クアハウス（Kurhaus）ホテルを中心にピア（埠頭）のあるビーチリゾートとして発展し，1904年には路面電車も開通し，エリートが次々に移住した．観光が盛んになり各地から人が集まるようになったが，古いスヘフェニンゲンの文化の断片は今も残っている．その1つは，*Vlaggetjesdag* という「旗の日」であり，6月，初物のニシンがチャリティのために競売にかけられる．今日大規模なイベントになったが，とても雰囲気がよく，運がよければ，漁師やスヘフェニンゲンの伝統衣装を着た女性たちの漁師小屋歌の合唱を聞くことができる．もちろん，昔の食べ方でニシンの試食もできる．

郊外の砂地の町より魅力的でも高級でもないが，ズーテルメール（Zoetermeer），プルメレント（Purmerend），アルフェン・アーン・デ・レイン（Alphen aan de Rijn），アルメレ（Almere）やライツェ・ライン（Leidsche Rijn）（ユトレヒト），プリンス（Prins）やアレクサンダーポルター（Alexanderpolder）（ロッテルダム）そしてヴァータリングセ・フェルツ（Wateringse Veld）（ハーグ）などの「郊外の泥炭の町」も名の知れた住宅地となっている．偶然にも，これらの地名に共通する特徴は，水に関連しているということである．特徴のない自治体が，都市プラン

---

1) イギリスのアールズ・コート（Earl's Court）と似ている．

8章　ホラントの中心部

写真135　スヘフェニンゲンのお祭りでニシンを提供する伝統衣装を着た女性

ナーの力を借りて，地域の魅力を上げようと，目立つ建築物をつくったり，レクリエーションや文化施設などをつくったり，賃料の助成を行ったりしている．しかし，オランダ人は歴史的な環境を好む．そのため，現代的で快適だが町独自の魂を感じない地域は，住宅市場で「スターター（初めて住宅を買う人）」と呼ばれる，若者，子育て世帯や通勤を気にしない人たちが多く生活している．彼らの多くはキャリアを積み出世すると，多様性があり個性的な高台あるいは歴史のある都市の中心市街地そばの郊外に移住する．水辺に暮らすというのはとても魅力的であるが，窓から見える水なのか，それとも地下に滴り落ちる水なのか，という水の状態にもよる．

オランダで水に囲まれた住宅地を見つけることは容易である．アムステルダムのすぐ南のアムステルフェーン（Amsterlveen）は，アムステル川の泥炭地（veen）を意味する．-veen という地名はオランダ各地にある．アムステルフェーンの近くには，ヴァディングスフェーン（Waddinxveen）やフィンカフェーン（Vinkeveen）がある．オランダ語のウィキペディアには，100 以上の地名が紹介されており，標高の高い地域を除いて国中に存在する．

そうしたすべての町や村は，泥炭地の採掘のために住居を構えたことから始まっている．最初の住民は貧しく，安値で悪い土の場所であった．彼らは燃料にするために泥炭を掘り起こして収入を得ていたが，今は大きく変わった．例えば，アムステルフェーンは，多くの外国人が暮らす裕福な地域となっている．自分たちの暮らす低地の地理歴史を学ぶツアーがあれば，是非参加してほしい．

震える泥炭

アムステルフェーンの西のアムステルダムの森（*Amsterdamse Bos*）は，かつては農地であったが，今は素晴らしい森になっている．これらの木々は，若干の社会給付と引きかえに，失業中の人々によって 1930 年代に植えられたものである．この森の端にデ・ポル（De Poel）という湖がある．その西岸は小さな自然保全地となっており，「震える泥炭（*trilveen*）」がある．ただし泥炭そのものが「震える」のではなく，歩く人の「振動を感じる」ことができるということである．地面はとても軟らかく不安定であるが，危険ではない．そこを人が歩くとその振動が周囲に伝わる（近くに立っていると誰でも感じられる）．子どもたちは大好きである．素晴らしいわけではないが，ここの土地の軟らかさを経験することで，オランダの国土を，人々が暮らし，働くことができるようにするには大変な努力が必要だったことを理解できる．こうした不安定な土地は，ここ以外にもヒルフェルスムの近くのナーダー湖（Naardermeer）やオーファーアイセル州の北西部の湖の近くなどいくつかある［写真 136］．

低い−より低い−最も低い

ザウドプラスポルター（Zuidplaspolder），ロッテルダムとハウダ（Gouda）の間にある記念碑は，ここがオランダの標準水位（NAP）でマイナス 6.76 メートルという最も低い地点であることを示している［写真 137］．高速道路の通る農業地域であるが，開発（さらに深くする）計画

写真136 アムステルダム近くの「震える泥炭」

がある．よりロッテルダムに近いプリンス・アレクサンダーポルダー（Prins Alexanderpolder）は，数センチ深くして開発された町である．1960年代に建築が始まり，多くのオフィスビル，鉄道駅とロッテルダムの地下鉄とつながる高速のトラムがあり，現在約9万人が暮らしている．

気候変動を考慮すると，こうした低い土地に，たくさんの人が暮らすのは賢明ではないという意見があるが，オランダ人は，堤防，洪水対策工事を行ってきた行政が守ってくれると信じている．この国で最も低い地域に，さらに数万人が暮らす郊外住宅地をつくる計画がある．多くの人々が気候の不確実性を指摘するが，行政は「水と緑に囲まれたザウドプラスポルターで田舎暮らしをしませんか」と宣伝をしている．ここで暮らすことの安全性についての論争は今も続いている．しかしこれまで開発を止めてきたのは，経済危機だけである．

プリンス・アレクサンダーポルターから数キロ離れたカペレ（Capelle）とクリムペ（Krimpen）[2]の間に，1953年の大洪水により破堤しそうになった河川堤防がある（なお，この大洪水については次章で詳しく述べる）．もし破堤していれば，ランドスタット全域が浸水し，さらに何万もの人が冷たい嵐の夜を過ごすことになっていた．1隻の船を急いで運び堤防崩壊を防いだことで，さらなる災害から免れることができた．ハンス・ブリンカーの親指の話と似た物語である．現在，州が管理する道路N210から，水門をみることができる．この構造物はホラントとゼーラントの安全性を高める最初のプロジェクトとして，1950年代につくられた．詳細は後で述べることとして，さらに低い土地の話を続けよう．

地図を見ると，アムステルフェーンの近くに湖がいくつかあることがわかる．英語でVinkeveen Lakes（湖）と書かれているが，オランダ語では少し異なる．*meren*（湖）ではなく，*plassen*であり，*de Vinkeveense Plassen*と呼ばれている．この*plassen*は，英語の辞書ではpuddle（水たまり）であるが，この単語をあてはめるには大きすぎる．ではこれらの違いは何なのか？　川と運河と比べてみよう．前者は自然であり，後者は人工物である．それと同じで，*meer*は自然の湖であり，*plas*は人間が掘ってつくった溝である．かつて燃料とするため泥炭を掘った．フリースラントの泥炭と競争したが，大都市への距離が近い方が価格優位であった．こうして西ホラント州の都市の近くにはたくさんの人工湖（*plassen*）ができた．

これらの人工湖は，セーリングやその他のウォーターレクリエーションの場になっている

---

2) どちらもこの名称の後ろに 'aan de IJssel' がついている．「アイセル川の」という意味である．

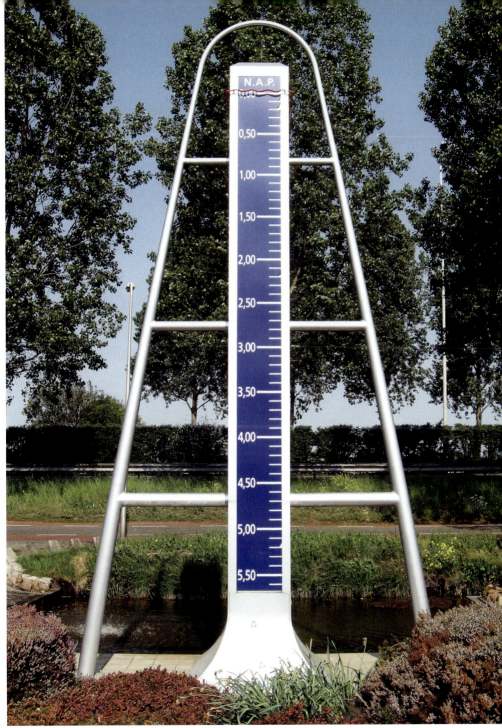

写真137　オランダで最も低い土地であることを示すモニュメント
一番上の NAP 0.00 がオランダの平均海水面の高さ

写真138 夏のランドスタットの湖

［写真138］．地図でみると，そうした「湖」の場所[3]がいくつかあることがわかる．カモがいて葦があって豊かな自然があっても地図で *plassen* となっている場所は「自然」ではない．ときにはきれいな長方形や掘り出した泥炭を運ぶための道路が真ん中を通っているものもある．

　長方形や円形の土地については3章で詳しく述べたので，ここでは繰り返さない．別の話をしよう．

　この地域には他にはない湖が1つある．「そこにいることに気がつかない」という湖である．ハールレム湖（Haarlemmermeer）は，水がない湖である．あなたも気づかずに歩いたかもしれない．今はスキポール空港のきれいな到着ホールになっている．その到着ホールを，200年前に魚が泳いでいたとは想像しがたいだろう．この危険な湖は，6章で紹介したアムステルダムの北の大きな湖よりもかなり遅れ，1852年に干拓された．ハールレム湖はあまりに大きくワイルドであった．100基の風車を使っても莫大な量の水を排出することはできなかった．このプロジェクトは，より強いポンプとよい設備，蒸気機関の登場まで待つ必要があった．

　この内陸の湖は，自然的要因と泥炭の採掘により1600年代に徐々に大きくなっていった．水面が大きくなり，土地そしてその周りの村は高波の犠牲となった．南西の風がアムステルダ

---

[3] ハウダの近くの Reeuwijkse Plassen（複数），ロッテルダムの近くの Kralingse Plas（1つのみ），ライデンの近くの Kager Plassen（De Kaag とも呼ばれる），ユトレヒトの近くの Loosdrechtse Plassen など，他にもたくさんある．

写真139　1849年につくられたクルキエス（Cruquius）ポンプ基地

ムの北東に土を運んだ．長年にわたって，湖を横断する多くの船が悪天候で北東の隅に吹きつけられた．このままではアムステルダムは，南西の危険な湖と北東の同じく危険なゾイデル海によって消失してしまうと考えられた．対処が必要とされたが，技術的な限界に加えて，湖の干拓に対して，周辺の都市，ハールレム，ライデンや少し離れたハウダまでが反対した．これらの都市はより安全であり，また船での輸送と泥炭採掘を行っていた事業家たちがいた．オランダ共和国には中央政府は存在せず，都市間の調整機能が働かず，湖はさらに大きくなっていった．1700年代までアムステルダム市民はこの湖を「水の狼」というニックネームで呼んでいたが，実際それはジョークではなかった．再三再四，干拓計画が示されたが，近視眼的，利己的また財政的な理由により，実現することはなかった．1836年，ひと月に2回襲ってきた嵐により土地が奪われ，巨額の経済的損失が生じた．中央集権化が進み，産業化と近代化を推進するウィレムI世がようやく対処した．

　まずポンプ場さらに湖の周りに堤防と運河をつくった．1849年にイギリスから蒸気機関がもたらされ，ここに3基の巨大な蒸気機関ポンプ場がつくられた．1基で風車300基分の能力があった．しかし，それらを使っても湖を空にするのに39か月を要した．このポンプ場の1基がハールレムの南にあるクルキエス（Cruquius）博物館にある．ここでは，19世紀の技術を代表する例として，ハールレム湖ポルター（Haarlemmermeerpolder）がどのようにつくられたかについて学ぶことができる［写真139］．

残念ながら，湖から水が排出された後で，農地として適さず，泥のプール，湿った砂漠だということがわかった．さらに排水のための運河が必要とされた．しかし，一向にポンプ排水が終わらず，もう1つ環状運河（Haarlemmer Ringvaart[4]）がつくられた．これが周辺地域のまちをつなぐ船舶輸送の役割を果たした．このさらなる排水の後，肥沃であるが，依然として湿った土地が農民に売却された．しかし，収穫で利益が得られるまでには多くの労力が必要であった．新しい土地の中央，2本の主たる運河が交差する場所に，中心となるホーフドロップ（Hoofddorp）村がつくられた．時間を経て，現在人口7万5000人の現代的な町になっている．その周りに，いくつかの小さな町ができた．かつて湖の中にあったことがそれらの地名に残っている．

スキポール空港 ［写真140, 141］

アムステルダムに近い，かつて湖だった場所の北東部の土地を買った1人の農家が耕作を始めた．鋤が何かにあたった．掘り出してみると，それは木製の船の部品だった．彼は，耕すのをやめて，古い船を掘り出すことに専念した．それだけにとどまらず，彼は，その場所を「the Ship hole（船の穴）」，Schip-hol，Schiphol と名付けた．彼は土地から船の破片を取り出したのだが，この名前が定着した．時がたち，1916年，空軍のための広い土地を探していた戦争省が，ここを適地として購入し，オランダ初の軍の滑走路がつくられた．「飛行場」（オランダ語で *vliegveld*）は，ヨーロッパが平和であった1920年まで民間の旅客輸送にも使われた．1926年，アムステルダム市がここを引き継ぎ，施設を拡張していった．場所は少しだけ移動したが，依然として湖の底（海抜マイナス4〜5メートル）にあり，ヨーロッパの主要空港の1つとなっている．

1930年代，KLM の共同創設者アルバート・プレスマン（Albert Plesman）が，スキポール空港から飛びたち，地平線に都市がリング状になっていることに気がついて，ランドスタットと呼んだ．1950年代，混雑した国の政策として，都市および道路の空間計画にこの名前が使われ，広まった．あわせて，ランドスタットの中そして都市の間の比較的低密度の地域は「グリーンハート」と呼ばれ，都市の「肺」の機能を果たしている．農業地域では，今でも排水溝，ヤナギの並木が続く小さな川，古い農場，あちこちの風車，静かな村そして水平線に見える教会の尖塔といった「典型的なオランダ」の風景が見られる ［写真142］．中世の干拓，泥炭の採掘以降，土地が沈下していき落ち着くまで何世紀も要した．最も低いポルター干拓地も含め，低い土地のままである．

しかし，のんびりした田園の暮らしは脅威にさらされている．グリーンハートの大部分は南ホ

---

[4] 実際，環状の堤防が湖の縁につくられ，その両側に運河がつくられた．外側の運河はポンプで排出された水を最初に溜めておく場所である．

写真140　1940年代後半のスキポール空港

写真141　現在のスキポール空港

写真142　グリーンハートの風景

ラント州にあるが，この州の人口密度はグリーンハートの部分を含めて1平方キロあたり約1250人であり，12州の中で最も高く，さらに現在も人口増加の圧力がある．中央政府は人口に比例して自治体予算を配分するため，あらゆる町が，他の町のことを考慮せずに，若い世代のために新しい魅力的な郊外をつくっている．同様に，経済活動を活発にしようと「ビジネス・パーク」が各地につくられている．

　こうして，ここ数十年間，多くの建築が行われ，新しい郊外，工場，高速道路がつくられてきた．現在，（ベルギーやフランスにつながる）高速鉄道がこの地域を通っている．州および自治体のプランナーは，無計画な都市化を防止しようと，既存の道路と鉄道沿い，特にランドスタットの高速道路沿いに集中させ，そこで多くの新規開発が行われている．新しい郊外住宅地における交通量の多い高速道路沿いには遮音壁が設置されている．この壁は周囲の風景もふさぐ．高速鉄道の一部は地下化されているが，それは都市部ではなく，地方部の美しさを守るために高い費用をかけて行われる．電車の車窓から，オランダの典型的な田園風景を見ることができるが，この地域の昔の風景の多くは消えた．魅力的な昔からの風景を壊すブルドーザー，郊外住宅地あるいは温室に突然囲まれた趣のある農場，道路のために消える排水溝そして人工的なレイアウトに変わる植生などに多くの人々はとても残念に思っている．ランドスタット地域では，軟らかい土の上に建築するため，カプーン，カプーンという（4章で述べた杭打ち機で打つ）音がよく聞こえる．そのそばでは振動も感じることができる．

経済的な必要性から行われる開発にあわせ，その周りはレクリエーションの場所となる．それ以外の残りわずかの部分が「ランドスケープのモニュメント」あるいは「保護された風景」として保全されている．しばしば，1900年ごろの雰囲気を取り戻すために，20世紀の建物が除去される．一部の生態学者は，これはまったく間違っている，オランダ人は実在しない牧歌的な風景を夢見ているだけだ，と批判する．

　真実を伝えよう．生態学者，バードウォッチャーと一部の特別な関心を持つ人たちを除くと，大部分のオランダ人は草原の干拓地があまり好きではない．オランダの特徴的な風景であるが，単調でありきたりであり，急いで車で通りすぎる．彼らはより多くの木があり，長方形でない風景，見晴らしのよい高台，言い換えると，よりロマンチックな場所を好む．需要があれば供給がある．なので，都市から脱出したい人々に，行政がそのような場所を提供する．昔の風景にかかわるものを残す，費用を節約するため，小さな湖，曲りくねった溝や農場または風車といった古い建物などが，新しいデザインに取り込まれる．そこにはしばしば，子どもの遊び場，自転車道，ピクニックのための草原なども含まれる．動植物が再び導入されたり，増やされたりもする．こうして，人口密度の高いランドスタットで，人々は定期的にハイキング，サイクリング，フィッシング，セーリングそして水上バイクなどを楽しんでいる．しかし，これらはすべて「つくられた自然」であり「文化」である．それでも，緑はすばらしい．働きたくないだるい夏の午後，混んでいるビーチに行く代わりに，ハイキングやサイクリングをすることは本当に魅力的である．大都会の近くの例をあげると，前述したアムステルダムの森（Amsterdamse Bos），ロッテルダムのクラーリングス湖（Kralingse Plas）そしてハーグの近くフォアスフォルテ（Voorschoten）のフリートランデ（Vlietlanden）がある．

　オランダ人のもう1つの大好きなレクリエーションの場所は砂浜である．オランダの海岸線は約340キロあり，そのほとんどが砂浜である．ただ地中海ではないので，日光浴に理想的な気候ではない．しかし，丈夫なオランダ人はありとあらゆる天気の中で砂浜を楽しむ．夏のみならず，他の季節でもウォーキング，乗馬，ウォータースポーツ，凧揚げなど砂浜を最大限に利用している．さすがに悪天候のときは人が少ないが，それでも一部の人々は風力レベル9の強風や豪雨の中でも砂浜で過ごしている．

　次にグリーンハートの最西端の話に移ろう．砂浜と砂丘の後ろの土地は，肥沃でなく軽い砂と肥沃だが密度の高い粘土の2種類の土が混ざり，農業に最適の場所になっている．そのような土はオランダ語で*geestgrond*と呼ばれ，オーストヘイスト（Oegstgeest），エンデヘイスト（Endegeest）そしてアムステルダムの北のアウトヘイスト（Uitgeest）といった地名にもなっている．17世紀，チューリップが輸入された．原産地はオランダではなくトルコの乾いて冷えた山であるが，この土との相性がよかった［写真143, 144］．チューリップの球根が売買され，莫大な利益をもたらした．特にハールレムとライデンの間の優良な土地に細長い区画をつくって，チューリップの球根産業が展開されている．春，この地域はカラフルなモザイクとなる．こうした長方形の区画にこの経済が映し出される．よりロマンチックにレイアウトされた場所

写真143　チューリップ畑への散水

写真144　屋台で売られているチューリップの球根

の1つが，有名なキューケンホフ（Keukenhof）である．3月から5月，何百万もの花（確かにチューリップだけではない）の庭で，何百万もの観光客が盛んにシャッターを切る．キューケンホフとは「家庭菜園」という意味である．最初は城の住人のために野菜とハーブを栽培する庭園であったが，徐々に拡大していった．1850年代に公的な庭園となり，1949年から現在有名になったフラワーショーが開催されるようになった．

チューリップ産業は，花の種類や栽培される地域が拡大していった．元の場所は人口密度が高い地域で地価も高かったため，似た土壌をもつ代わりの場所が求められた．それがアルクマール（Alkmaar）の北の砂丘の後背地である．春，デン・ヘルダー（Den Helder）を旅すると，同じようなカラフルなモザイクが見られる．道路沿いでは，一年中，農家が球根（bollen）を販売している．かつてのゾイデル海の北東の干拓地にもチューリップ産業が立地した．

カラフルで，しばしば見事な花が最も注目を集めているが，花ビジネスの真に重要な部分は球根である．花はすぐに枯れるが，球根は乾燥させておけば，貯蔵でき輸出もできる．チューリップのみならず他の種類も含め，オランダの花の球根が大量に，ニューヨーク，ドイツ，日本，イスラエル，極端な気候でないほぼすべての国や地域に輸出されている．

花と野菜の輸出

オランダの花き産業の特徴として，球根に加えて温室があげられる．ハーグの南，ウェストラント（Westland）について紹介しよう．ここは「ガラスシティ（de Glazen Stad）」と呼ばれている［写真145］．温室の中で1年中，寒く暗いオランダの冬でも，暖房と照明に多くのエネルギーを投入して，大量の花が栽培されている．大規模な花のオークションが行われるアールスメール（Aalsmeer）の近くにも温室が集中している．ここはアムステルダムの南東で，スキポール空港に近いため，毎朝，新鮮な花が貨物便でベルリン，ニューヨーク，モスクワなど多くの都市に運ばれ，花瓶に生けられる．なお野菜も温室で大量に栽培されているが，国内また近隣諸国向けである．

航空輸送が増加し，花と野菜はともに，遠くのケニア，インド，コロンビアや地中海の国々との競争が生じている．ウェストラントの企業家たちは，よりよいあるいはより安定的な品質のものを提供すべく懸命に努力したり，連携やアウトソーシングによる協力をしたりして市場競争を行っている．

ウェストラントのすぐ南に，1872年に開通した運河，新水路（Nieuwe Waterweg）がある．これにより上流のロッテルダム港と海との接続がよくなった．それまではマース川の河口部は土砂が堆積して狭くなり，大型船がライン川を通ってドイツの新興の工業地区ルーゲビーツ（Ruhrgebiet）にたどり着けなくなるリスクがあった．新水路は古い川の支流と新しく掘られた運河が融合している．十分な深さがあり，橋や横断する水路がなく，世界最大級の船を除くすべての船がルーゲビーツの西にある港まで行くことができる．

写真145　ウェストラントの温室群

　1950年代，巨大なオイルタンカーや貨物船が建造されるようになり，水深を深くする必要性が生じた．港湾の位置も同時に検討された．海に近いローセベルク（Rozenburg）という川中島（それまで鳥たちのサンクチュアリであった）が，新しい港および石油精製基地として選ばれた．村の人々は抗議したが，商業的な利益にはまったくかなわなかった．鳥たちと１つの村が犠牲となり，農業と鳥に代わって石油タンクそしてさまざまなパイプや巨大なクレーンが何キロにもわたって並んでいる．ローセベルクは産業用地に囲まれたが，町は残った．1960年代，鳥の島に新しい巨大な「ユーロポート」がつくられた［写真146, 147］．1930年代まで農漁村であったパーニス（Pernis）村は，港，コンテナ，石油タンクと道路で囲まれた．ユーロポートの西側は，（少なくともオランダでは一般的でない）変わった方法で海から土地がなくなり，のちに再び陸になったマースフラクテ（Maasvlakte，マース平原）がある．北海と湖から大量の砂をまき堤防を岩とコンクリートで固めて干拓された．現在，第２のマースフラクテが計画されているが，経済状況によっては実行されない可能性もある．

　とても複雑であるが，この工業港は，ロッテルダムのシティセンターから北海まで総延長が30キロあり，オランダ経済の中枢である．近年は上海やシンガポールに抜かれたが，依然としてヨーロッパ最大の港であり，ヨーロッパ大陸の半分がこの港からサービスを受けている．自然愛好家からは軽蔑されているが，夜，何百万もの照明と下から照らされる蒸気の雲が，SF映画のような，ある種の美を演出している．

写真146　ユーロポート

写真147　ユーロポートの夕暮れ

写真148　マースラントキーリング（可動堰）

　1990年代，新しい面白い構造物が，この工業地帯とウェストラントの「ガラスシティ」の間の新水路に作られた．マースラントキーリング（Maeslantkering，マース川可動式防波壁）は，印象的で形もユニークである［写真148］．高さ22メートル長さ210メートルの2つの半円形の「水のドア」は，通常時，船の航行を妨げないよう開いている．穏やかな天気のときは，ただ大きく無意味だと感じるが，いざ一定の強さ以上の嵐になると，コンピュータ制御された2つのドアが自動的に閉じて，ロッテルダムの街，内陸の港湾区域そして多くの居住者が暮らす低地を洪水から守る．水理学の妙技であり，公共事業局とデルフト工科大学の「冠の真珠（pearl in the crown）」である（その可動式の防波壁は，フーク・ファン・ホラント（Hoek van Holland）とマースルイス（Maassluis）の間，マース川の堤防沿いにあるビジターセンターで間近にかつ無料で見ることができる．ウィキペディアでは，いくつかの国の言葉で，この写真や関連する技術情報が紹介されている）．

デルフト工科大学

　デルフト工科大学は1842年，王室の技術アカデミーとして設立され，特に水理学の分野で世界をリードする教育・研究機関である．オランダの学生だけでなく，多くの海外からの留学生が学び，公共事業局で働くエンジニアを数多く供給している．フレヴォラント州の新干拓地にエキサイティングな水の実験室を持ち，またコンピュータの前の時代から，海岸，波，堤防，港湾などについてさまざまな模型実験を行っていることで有名である．前者の実

験室は，クラーフェンベルフ（Kraggenburg）近くの，かつては海底，現在森となっているフォーステボス（Voorsterbos）の歩行ルート上にあり，見学することができる（http://www.waterloopbos.eu/ オランダ語のみ）．

ロッテルダムはインフラの密度が高い．マース川を横断する橋やトンネルあるいは川と並行する多くの道路や鉄道がある．さまざまな工学技術が駆使され，ロッテルダム港の経済的優位性が保たれている．オランダで最も古いトンネルは，ロッテルダムのダウンタウンの近くのマーストンネルである．1937年に工事がはじまり，1942年，ナチスの占領下で完成した．しかしその2年前の爆撃でロッテルダムは廃墟となっていた．このトンネル掘削技術は他の場所でもコピーされた．というのも，軟らかい土の中を横に掘削するのは容易ではなかったからである．別の場所で「ケーソン（コンクリートあるいは鋼製の大型の箱)」と呼ばれる部品をつくり，現場に運ぶことにした．最初に浮かせておいたケーソンを川底に沈め，これらをつなげてトンネルをつくった．オランダでは，ルート上に家や歴史的遺産がある場合のみ，ドリル掘削が行われるが，それは，アムステルダムの地下鉄の新線建設同様，リスキーで困難である．上部の建物への影響がないよう注意深くモニタリングを行う必要がある．こうした工事をしなくても，アムステルダムの歴史的な住宅のいくつかは，すぐにでも避難したほうがよいほど，傾きあるいは沈み始めている．予見されていたことであるが，そうした家は17世紀につくられ，基礎が浅いことがわかっている．

軟らかい土の上あるいは中に構造物をつくるのは難しい．先に，なぜスキポール空港は1975年まで鉄道とつながらなかったのか，について一部紹介したが，杭打ち技術は，鉄道や道路建設においても必要である．それまで，アムステルダムとロッテルダムを結ぶ主要な鉄道は，グリーンハートの低地を通ることを避け，砂丘や河川など，より固い土地を選んで線路が敷かれていた（もちろん，固い土地のほうがより人口密度が高く，また1860年代までハールレム湖が行く手を阻んでいたことも理由であるが）．1978年になって，アムステルダムとライデンを結ぶ新規鉄道路線を作るときに，空港を経由しようということになった．建築また杭打ちの技術が進展したおかげで，今日の鉄道網がつくられた．

同じ理由で，オランダでは1960年代まで高層ビルはつくられなかった．長年，アムステルダムで最も高い建物は，（教会の塔を除き）建築家Berlageが設計し，1930年に完成した12階建，高さ40メートルの「スカイ・スクレイパー」であった．1960年代まで，建築家はより高い建物をつくりたいと考えていたが，そのためには固い支持層まで杭を打つ必要があった．ロッテルダムでは1940年の爆撃からの再建過程でいくつかの高層建築物がつくられたが，ハーグは「低い」ままであった．建築技術が進展した1960年代，アムステルダムとユトレヒトに歴史的なダウンタウンのスカイラインを妨害するいくつかの「ひどい」タワーが登場した．その後，高層化に反対するムードが生まれ，1980年ごろまで継続した．1980年代に入ると再び振り子が振れて，すべての都市で高層建築物が登場した．最大150メートルほどの高さ

は諸外国の都市とは比べものにならないが，多くのオランダ人は，周囲が歴史的な地区ではなくても高層建築を評価しない．アムステルダムとユトレヒトの「誤り」に続いて，ハーグは歴史的な中心市街地の近くに高いモダンな建築物のあるオランダ唯一の都市になった．それらの建物には政府関係機関が入っている．高さ 200 メートルの建築物をつくろうという計画もあったが，大きな反対にあい，実現することはないと考えられている．ユトレヒト郊外に，ランドスタットを（さらには地盤の悪いグリーンハートも）すべて見渡せる高さ 262 メートルの白い巨塔をつくる提案についても多くの人が反対した．2010 年，その計画はユトレヒト自治体により取り下げられたが，その主たる理由は経済性がないということであった．

　ホラントの中心部の南の島々の話に移る前に，オランダのデルタをつくった河川について次に詳しく見ていこう．

9章
オランダの河川

　この本の焦点は，主として海であるが，デルタ（河口の三角州）は河川なしには形成されない．オランダのデルタとナイル川やミシシッピ川のデルタとの違いは，オランダでは，南西部のスヘルデ（Scheldt）川，西部のマース（Maas）川，そして元は北西，現在は西部にも流れる最大のライン（Rhine）川の3河川の河口部があることである．ライン川とマース川は離れたり合流したり幾重にも重なりながら複雑に絡み合った迷路のように流れ，他の河川と交わることのないスヘルデ川とともにオランダのデルタをつくっている．実際には，もう1つエームス（Eems）川がある．この河川はドイツを通り，最後にオランダの北東部から海へと流れる［2章図4］．

　ライン川，その支流であるワール川とマース川の3つの河川が東から西へ，交わったり離れたりしながら，オランダの中央部を流れている．これらは「大河川」と呼ばれる．アマゾン川は別にしても，ヴォルガ川（ロシア），セント・ローレンス川（カナダ）やコンゴ川（アフリカ中部）を見たことがある人は大河川ではないと笑うだろうが，この名称は他の大陸を知らない大昔に付けられた．確かに，ライン川は，川幅はそう広くなく世界の河川ランキングには入らないが，スイス・アルプスから海まで総延長1233キロというのは自慢できる．ワール川は，世界で最もひんぱんに船が航行する[1]川であり，コンテナ船が何百万ユーロの価値のある貨物を，多くの人が暮らすヨーロッパの内陸から（へ）運んでいる．

　特にロッテルダムの南および東の地域は，川が迷路あるいは複雑な蜘蛛の巣のように流れている．ロッテルダムにある素敵なエラスムス橋の下をマース川，正確には「新マース川[2]」が流れている［写真149］．マース川は同じ名前では海まで到達しない．北海からの名称は人間が介入してつくった「新水路（*Nieuwe Waterweg*）」である．砂で河口が閉塞してしまう可能性があったため，ロッテルダム港へのアクセスを確保するため，1870年に運河がつくられた．最後の数キロは砂丘が掘削された．河床が制御されており河川ではなく *kanaal* と呼ばれる．マース川と呼ばれる場所は限られている．

　ロッテルダムから内陸へ進むと，地図上でも現地でも，たくさんの分流と合流により，マー

[1) 中国の長江の方が多いというデータもある．
[2) この川は東フランスのディジョンの北の丘から始まっており，ムーズ（Meuse）川と呼ばれる．

写真149　ロッテルダムの古い港

ス川を追跡するのは難しい．川の名前も *Noord, Beneden Merwede, Dordtse Kil, Amer* などとなっており，マースあるいはそれに似た単語は出てこない．約 20 キロ上流のドルドレヒト (Dordrecht) にいくと，ようやく *the Bergsche Maas* という形容詞のついた名前が現れる．元のマース川にたどり着くには，さらに東へ進み，北ブラバント州のデン・ボシュ (Den Bosch) の近くまで行く必要がある［写真150］．

　ライン川も同様である．ドイツからオランダに入って約 20 キロ付近で流れは 2 つにわかれる．川幅が広く，多くの船が航行しているのがワール川であり，ライン川の流量の約 7 割が流れ，ロッテルダムの近くで迷路のようになる．ワール川は長年この国の船舶輸送をリードしてきた．1 日中，大きな貨物船がロッテルダムを通ってドイツやスイスの工業地帯と行き来している［写真151］．もう 1 つの「狭い」ライン川は，ズヴォレ (Zwolle) の北に流れていくアイセル川とまたすぐに分流する．前述したが，ライン川は，度重なる洪水から水の力を弱めようとローマ人がオランダで最初に手を加えた川である．彼らは，アーネム (Arnhem) の東に運河を掘って，ライン川とアイセル川とをつないだ．ドイツとの国境近くの村でその跡を見ることができる．その後，オランダの公共事業局によって流量がさらに制御されるようになり，現在アイセル川はドイツから入っているライン川の流量の約 10% が流れ，アイセル湖に注いでいる．それまで海水だったゾイデル海は淡水の湖になった．

　ワール川とアイセル川に分流して，残り 20% の流量がライン川に流れている．約 50 キロ下

写真 150　ドルドレヒト

写真 151　ワール川における輸送

流，ヴァイク・バイ・デューステーダ（Wijk bij Duurstede）において，ライン川の名前が消えてレク（Lek）川となり，ロッテルダムでマース川とつながり，網目のように流れていく．またヴァイク・バイ・デューステーダにおいて，北西のユトレヒトに向かう小河川が分流する．これは曲がったライン川（Kromme Rijn）と呼ばれる．穏やかに蛇行しているが，1200年代に堤防が壊れるまでは，これがライン川であった．堤防決壊により流れが変わりレク川となった．Lek はオランダ語で，「流れ出る」「漏れる」という意味であり，この出来事を意味していると考えられる．

　曲がったライン川は，ユトレヒトでさらに分流する．1つは，そのまま北に向かい，市内に入り，絵画のような運河の風景をつくりだしている．フェフト（Vecht）川と呼ばれ，河口のマウデン（Muiden）でかつてのゾイデル海に達する．もう1つは，ユトレヒトの西に向かう．こちらは元ライン川と呼ばれ，かつてのローマ帝国の境界をなしていた雰囲気が残されている．中世に誰も住まなくなったが，いくつかのローマ帝国の要塞や船がこの流域で見つかっている．ローマ時代に起源を持つ小さな町もある．現在は単なる郊外であるが，フェフテン（Vechten）やアルファン・アン・デ・ライン（Alphen aan de Rijn）の境界部にある城，カステルム・アルバニアネ（Castellum Albanianae）はラテン語でローマ帝国の要塞陣地の意味である．ライデン（Leiden）という地名も近くの要塞陣地ルフドゥーナム・バタフォーラム（Lugdunum[3] Batavorum）に由来する．元ライン川はこの10キロ下流で北海に達する．

　障害物の除去などオランダの河川の管理をしているのが公共事業局である．船舶の航行を確保し，岸辺を守るために水路を確保し，維持管理の一部として定期的な掘削が行われている．近年はほとんどないが，冬の凍る時期には，流氷が堤防や橋に被害を及ぼすリスクもある．そうならないよう，ダイナマイトで氷の塊を破壊することも検討されている．こうして，水位が常に計測され，船舶の通行に支障がないよう調整されている[4]．水位が高すぎると船が橋の下を通行できず，逆に低すぎると船の底が傷ついてしまう可能性がある．（跳ね）橋の交通状況や他の船舶の航行状況なども含めてナビゲーションが行われる．かつては船長がノートをとることができるよう，定刻にゆっくりとした口調で公共のラジオを使ってなされていた．計測された水位を，その水門や町の名前とともに，ゆっくり唱えるマントラ（呪文）のようなラジオ放送は，現在，無機質なインターネットのウェブサイトに置き換わっている．

夏の堤防，冬の堤防 [図18，写真152, 153]

　河川の水位が高くなれば，当然それにあわせて，より高く強い堤防が必要となる．実際，これまで2重あるいは3重の堤防システムが川沿いの多くの場所につくられてきた．夏は，一般に（常にではない！）川の水位は低い．水は低い「夏の堤防」の中を流れる．上流で雨が

---

3) フランス・リヨンに同じ名前の町がある．
4) 調整においては，それぞれの場所のまた季節ごとの条件も考慮される．

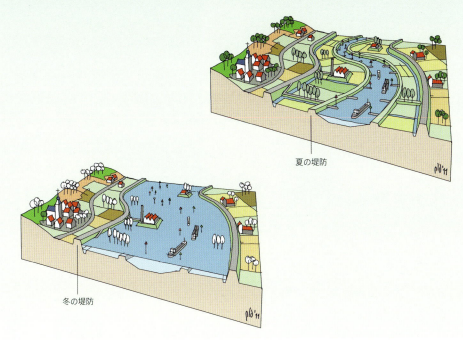

図18 （左）冬の川 冬の堤防／（右）夏の川 夏の堤防

降る，あるいは雪解けがはじまると水位が高くなり，夏の堤防を越えて隣接する低地が浸水し，より大きく強い「冬の堤防」の中を流れる．この2つの堤防の間の土地は，*uiterwaarden*（堤外地）と呼ばれ，伝統的に農業目的のみに使われてきた．近年いくつかの町は，ここをかさ上げして郊外住宅地をつくってきた．しかし，気候変動に伴い，こうした開発は問題視され，中止されるようになっている．また安全性の向上のため，堤防を高く広くすると，古い堤防管理施設を含む貴重な昔の風景がなくなってしまう．安全性と歴史文化の対立はおそらく永遠に続くであろう．

ロッテルダムの南の迷路のような川の流れは，同時に中島をつくりだすが，これらは狭い水路によって分離されている一方で，トンネルと橋ですべてつながっている．つながっていない島は，ゼーラント州にあり，次章で詳しく述べる．ここでは，このトンネルや橋でつながっている島に注目する．もともと，これらは泥がたまってできた河川の氾濫原である．粘土を伴う肥沃な土地であり，人間が生活するのに魅力的な土地である．実際，中世には町があった．堤防で囲んだこうした低地は *waard* あるいは *polder* と呼ばれる．その1つは，ドルドレヒトの南の大オランダ干拓地（*Grote-Hollandse Waard*）である．もともと大きな泥炭層があったが，採掘され，肥沃な土地に変わり，いくつかの村がつくられた．1421年の聖エリザベス大洪水により多数の住民が被害にあった．大量の海水がラインおよびマース川河口から広く入り，土地

写真 152　冬，水位が高い時に浸水する高水敷

写真153　水位が高い季節の鉄道橋

は浸水した．しばらくすると，潮汐の影響を受ける汽水域を有する沼地や葦の湿地ができ，ビースボシュ（*Biesbosch*）（葦原）と呼ばれた．危険な場所であったが，人々は再び利用し始めた．沼地では魚釣りや鳥の狩猟が行われ，葦は収穫され，屋根の材料また堤防の建設に用いられた．シルトが堆積したいくつかの場所では干拓が行われた．しかし，こうした人間の介入があっても，ビースボシュは残りのオランダと比較して，多くの自然が残されている．

　1953年の洪水を受けてデルタ計画がつくられた．この計画の詳細については次章で述べる．ビースボシュでは干満の差はわずか20センチとなり，それまでの1/10となった．安全性が確保された一方で，海水が減って環境は大きく変わった．自然はそれに順応し，人間が一部手を加えているが，地域全体の基本的な特徴，潮汐の影響を受ける沼地の環境が保たれている．またロッテルダムでの水使用量の増加に伴い，外からは見えないが，大きな貯水池がつくられた．しかし，ビースボシュの価値は低下していない．潮汐の影響を受ける沼地は西ヨーロッパを代表するものであり，渡り鳥を含むヨーロッパの鳥類の重要な生息地であることから，国立公園となった．ボートツアーやカヌー体験が行われており，しばしば生物学の専門家によるガイドツアーも行われている（biesbosch.org で英語の情報が得られる）．近くのドルドレヒトは，ちょうど川が交わるところに美しい歴史的なシティセンターがあり，川が合流する素晴らしい景色を眺めることができる．

首を絞められた公爵

ロッテルダムの西，かつて海への航路となっていたマース川の河口付近にデン・ブリエル（*Den Briel*）(*Brielle*) という小さな町がある．後に要塞化されて重要な交易拠点となるのだが，1572年，プロテスタントの人々の手に落ちた．これが，オランダにおける，重苦しく厳格なカトリックそしてスペイン・ハプスブルク家の総督アルバ公への反乱の始まりである．この反乱は4月1日に起こった．そのため，エープリールフールの起源ともいわれる．プロテスタントの革命者たちは船を使ったため，海賊のようにみえた．敵の1人は彼らのことを「Ce ne sont que des gueux（彼らはただの物乞いだ）」と言ったといわれている．たくましい船乗りたちは，このフランス語の不名誉なタイトルから，オランダ語で「*Geuzen*（物乞い）」あるいは「*Watergeuzen*」と名乗り，港の太いポールに船を係

写真154　船と橋の衝突を防止するポール

留するためケーブルを投げることを，彼らの主たる敵，アルバ公の首を絞めることになぞらえた．英語で「イルカ」と呼ばれる先端を白く塗った強い黒いポールは，dukdalf（係留）Duc d'Alve という［写真154］．今日，アルバ公はスペインでは高く評価されているが，オランダの歴史においては恐怖と残酷さのアイコンである．

また橋を渡るとき，川が人間によってコントロールされていることがわかる．前述したように，川沿いの堤防施設は古い．堤防は，川を自由に蛇行させず，その場所を通るように強制する．流れを制御する小さな突堤は，中央を船が通れるよう，岸の近くに設置されている．何世紀もの間，この「標準化」と「運河化」のプロセスにより，自然を制御し，洪水や堤防決壊を防ぐ最適解が模索されてきた．堤防を維持管理は，技術レベルが低かった昔は多くの労働力を投入して，その後，技術進歩ともに効率化が進んだ．冬あるいはそれ以外の季節でも水位が高いとき，強い外側の堤防「冬の堤防」がその後背地を守る．そのときオランダの川は真に「大河川」の様相をみせる．それ以外の乾いた季節は，川は内側の小さい「夏の堤防」の中を流れ，2つの堤防の間の河川敷（*uiteraarden*）は陸地になり通常家畜が飼われている［図18，写真155］．

写真155　夏の川

リスク

　オランダの洪水防護の基準は高く設定されている．人口密度の高い北および南ホラント州では，1/10000（年）という高潮による浸水確率（1万年に一度の確率で浸水する）が設定されている．夏と冬の堤防の背後に，さらに2次的な河川堤防がある場合もある．これは冬の堤防を越流した場合に後背地を守るものである．河川における（許容）浸水確率は1/1250（年）となっている．ちなみに，ハリケーン「カトリーナ」の後，ミシシッピ川やポンチャトレイン湖の洪水からアメリカ・ニューオリンズを守る堤防の基準として，1/200（年）が設定されている（RNW〔オランダ全世界ラジオ〕の2005年のオンライン記事）．

　何世紀もの間，最適な堤防の防護基準の設定方法が考えられてきた（付録2参照）．しかし国民の認識は変化してきている．川はあまりに強く制御されすぎている，またさらなる洪水の危険性も高くなっていることから，（ただ高い堤防をつくるのではなく）川の自由度を高め，より多くの水を溜める場所をつくる必要があると考えられている．このプロジェクトは「Room for the river」と呼ばれ，公共事業局が，39か所で河川の区域を広げ，レクリエーションの機能を高める事業を展開している．同時に，地方自治体および農民や民間企業などを含む住民への情報提供を行って，川の流下能力を低下させないようアドバイスを行っている．近年，いくつかの町では，川が見えるバンガロー，郊外住宅地や産業用地が高水敷につくられるようになって

きた．こうした開発は気候変動により浸水リスクが高まる．実際，住宅や道路の浸水も生じた．エコロジストは，今後降雨量の増加が見込まれることから，川辺の自然地の開発を悪い政策だと指摘する．ヨーロッパでは川沿いの土地の多くは，アスファルトとビルで覆われており，降った雨がすぐに川に流れ込む．

川の再生は徐々に進んでいる．多様な動植物が暮らす川沿いの森が再生した．いくつかの場所では，夏の堤防の撤去により，川の蛇行が戻っている．また洪水を防止あるいは軽減する古いシステムも再生されている．川の水位が高くなると，より人口密度が高い土地を守るために，ほとんど人が住んでいない農地に流れるようにした．昔も洪水時に浸水する土地は農地として使われていた．もし被害が出れば，農家は補償を受けることができる．

レンガ

オランダでは，レンガは *bakstten*（焼き石）と呼ばれ，川で採取した粘土を焼いて作られている．川沿いの洪水地，アーネム近くのライン川沿いなどで煙突がついた低い建物が並んでいる．ここで川の粘土が乾燥され，焼かれてレンガに変わる．岩[5]がない土地においては，中世に多くの木造住宅が火災で延焼して以降，建築物にレンガが使われるようになった．1940年以前に作られたすべてのオランダの住宅にレンガが使われている．今日，レンガづくりの家は高く評価され，高価である．より安いコンクリートに偽のレンガのシートを貼る建築物も増えている．街路にもしばしばレンガが敷かれている．これは歴史的な価値を高く評価する国民性に加えて実用的な理由がある．この軟らかい土地の国では，上下水道のみならず，電信電話やインターネットケーブルなどすべてのパイプやケーブルは地下に埋設されている．レンガはアスファルトよりも容易にこれらの補修ができる．水（や空気）をより早く通すことも水の多い国ではプラスである（街路にレンガを敷き詰めるのには技術がいるが，そうした技術者が高い地位を得ているわけではない）．

今日，川の蛇行は人工の堤防によってまっすぐ流れることよりもよいことだと考えられている．より自然に近い環境の再生が生物多様性に貢献している．蛇行をつくるため，粘土ではなく砂利が河床から取られている．リンブルフ州の中央を流れるマース川沿いの砂利が掘られた場所は湖になり，夏のレクリエーションに活用されている．

内航ナビゲーション

オランダでは，水路が交通を支えてきた．考古学により，ローマ時代おそらくそれ以前から，ボートや船が発達していたことがわかっている．中世でも，土地が軟弱なため道路はほとんどなく，水路が長距離の人の移動や物の輸送を支えてきた．

---

[5] オランダで唯一自然の岩が見られるのは，リンブルグ州の最南端，フェル（Geul）川沿いの丘である．その一部は「地質学的モニュメント」となっている．

写真156　船を曳く夫婦（1920年ごろ）

　このことが世界初の公共交通を誕生させた．17世紀のオランダ共和国では，旅客ボートが定時に目的地に向けて運行され，人々は定時にその目的地に到着できた．外国人は，このシステムを称賛した．唯一の悪口は，オランダ人はハッチを閉めるようなひどい天気のときでさえ，粘土で作った長いパイプで煙草を吸っているということだった．貨物輸送にはボートも使われた．牛舎から牧草地へ牛の輸送もしばしば行われた．馬だけでなく人も，岸からボートを引っ張った［写真156］．これは現在，*het voortouw nemen*（前のロープをとれ），負担せよ，あるいはイニシアチブをとれ，という意味を表す言葉として使われている．
　19世紀になると旅客輸送は鉄道にシフトする．しかし貨物輸送は依然として船舶が重要な役割を果たしている．「運河王」と呼ばれるウィレムI世は，川と川をつなぐたくさんの運河を掘り，都市と産業地域や背後地の州を結び付けた．ほとんどの船乗りは一人ひとりが独立した事業家であり，大きな船の操縦また商売のやり方を学ぶ職業訓練も行われた．当時，5000隻を超える内航貨物船が，オランダ全土，近隣諸国，スイスさらには黒海の国々まで航行していた．ヨーロッパの内航海運で，オランダは大きなシェアを占める．2011年のはじめ，事故によりドイツのライン川が数週間使えなくなった際，最も影響を受けたのはオランダの船舶であった．そしてこの問題解決にあたる特別な会社がつくられたのもオランダであった．真冬，きわめて稀に凍結して航行できないとき，内航ナビゲーションは中止される．現代，船舶および輸送システム全体にコンピュータやその他の先進技術が導入されているが，いくつかの古い

写真 157　乗用車を載せて進む船

文化も残っている．船乗りの多くは，テレビや便利な家電のある船で暮らしている．しばしば船に自転車や車が載っている［写真 157］．また船乗りの子どもたちのために食事つきの下宿を提供する学校もある．

　夏，多くのヨットとレクリエーション用ボートが水上に並び，船舶の航行に支障をきたす．おそらくこのこともあって，イギリスやフランスと異なり，オランダではキャナルボートを貸し出さない．しかし国中のマリーナでは，手漕ぎボートから豪華なヨットまでが貸し出されており，多くの湖や水路をめぐることができる．なお，言うまでもないが，高速船の操縦には船舶免許が必要である．

10章
南西部の島々

　ここは，近年，洪水により大きな被害を受けた地域である．1953年1月31日の夜から2月1日にかけて，次のような記録が残っており，1800人を超える死者が出た．

　ハーグ　2月1日，ズウェインドレヒト（Zwijndrecht）に非常事態発令，水が環状堤防を越えた．ドルドレヒトの島も危険な状態．
　ウィレムスタット（Willemstad）　2月1日，ウィレムスタットに非常事態発令，ラウフェンヒル（Ruygenhil）ポルターおよびオウデ・ヘイニンゲン（oude heyningen）が浸水．軍に支援を要請．停電中．ウィレムスタットの町も浸水．工場のサイレンや教会のベルが鳴り響いている．フローテ・リント（Grote lingt）の堤防が破壊したとのうわさがあり，各地で緊急事態になっている．
　マーススラウス（Maassluis）　2月1日，水災害発生．マーススラウスとフーク・オフ・ホラント（hoek of holland）の間のポルターがほぼ満水状態．農家は家畜を逃がした．堤防の上に3000人以上の人が避難している．

　これは，1953年の大洪水の直後に犠牲者および復旧の記録として国家災害基金から出版された本『De Ramp（災害）』の一部である．次の記述もこの本からである．冬，ほぼ氷点下の気温，日の出から日の入りまでわずか9時間であることを意識して読んでほしい．また第2次世界大戦から8年後であり，車も多くなく，テレビやインターネットもなく，電気も限られていた．

　その日は早くから嵐が海岸線を襲っていた．午後6時，船長はその日の仕事を終えて船を安全な場所に移動した［図19, 写真158］．しかし，巡視船，コースター船，大型貨物船，タグボートなど35隻の船が被害を受けた．港では釣り船が漂流した．スヘフェニンゲンでは貨物船が，カドウェイク（Katwijk）とノールトウェイク（Noordwijk）の間では巡視船が座礁した．近くのスハウウェン（Schouwen）島では，フィンランドの船が陸に乗り上げ，最初のSOSが島から世界中に発信された．ワッデン海，ホラントの海岸線そしてフランダース地

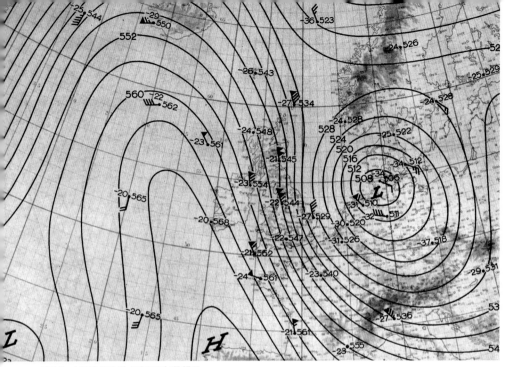

図19　1953年大洪水時の天気予報図

写真158　人々や家畜の救出

方近くのゼーラントのカトザンド（Cadzand）では砂丘から多くの砂が流出した．ビーチリゾートでは大通りが浸水した．いくつかの都市では，砂丘の崩壊により，ホテルが倒壊した．翌午前2時，満潮時の3時間前，（南西部の島々と東ロッテルダムのポルターのある）町や村のサイレンが鳴り響いた．

午前2時，スタット・アーント・ハーリンフリート（Stad aan't Haringvliet）の町にサイレンが鳴った．しかし猛烈な嵐でその音はほとんど聞こえなかった．オーバーオールを着た赤十字の人たちが孤立した農家を周り，ドアをたたいて「堤防が壊れるぞ」と叫んで回った．そのとき，ステッレンダム（Stellendam）の教会では，両側から水が到達し，1.5メートル以上の水深になった．トーレン（Tholen）島のスタフェニッセ（Stavenisse）でもサイレンが鳴った．満潮の3時間前であり，高波が到達する1時間前であった．教会から離れた場所にいた人はベルやサイレンが聞こえなかった．多くの人が避難した堤防が壊れ，村を囲んでいた1キロの海岸堤防も破堤し，数メートルの水の壁が農地に流れ込み，残骸が村の端に集積した．

午前4時，北ブラバント州のハルステレン（Halsteren）村に，ベルフェ・オフ・ゾーム（Bergen op Zoom）警察のサイレンがなった．村長と警察はポルターの孤立した農場に向かった．しかし，わずか30分で数メートルの高潮が到達した．ちょうど土曜日であり，村長と自治体の（略）は，地元バンドの音楽祭に参加していたが，1日もしないうちに水に閉じ込められた村人への祈りが行われた．スハウェン島では，2つの高潮がぶつかってカペレ集落が完全になくなった．ブラウワースハーフェン（Brouwershaven）の牧師とその妻は入ってくる水をかき出そうとしていた．そのとき，誰かが彼らに叫んだ．「戻れ，でないと溺れるぞ」．そのおかげで彼らは命拾いした．

午前4時，ドルトレヒト駅に最後の列車が到着した．ほかには到着あるいは出発する列車はなかった．洪水で線路が流され，電線が絡まった．午前3時，ロッテルダムはまだ浸水していなかった．3時15分，ネズミたちが突如列をつくって逃げ出した．その次の瞬間，低地，鉄道ヤード，工業地域そして新水路（Nieuwe Waterweg）の小さい町が浸水した．アイセル川の堤防の穴からオルブロッセルヴァルト（Alblasserwaard）とクリンペネルヴァルト（Krimpenerwaard）の2つの低地のポルター干拓地が浸水した．しかしスキーラント（Schieland）の高い海岸堤防は壊れず，オランダの300万人が住む中心部を守った．同様に，ブリールセ・マース（Brielse Maas）堤防も超えることはなかった．しかしシント・フィリップスラント（St. Phillipsland）は大波によって浸水した．

警報ベルがその夜各地で鳴り響き，堤防が壊れ，南ホラントやゼーラントの島々，8年前に救われた（イギリス軍の空爆により堤防が破壊され，最後のナチス軍を追いやった）ヴァルヘレン（Walcheren）の一部が浸水した．高潮で堤防が5か所崩壊し，フリシンゲンは2メートル浸水した．前の洪水の後でユリアナ（Juliana）女王が植えた木の半分の高さまで水に浸かった．日曜早朝，南西の島々に悪夢が起きた．村のコミュニティ，集落，孤立した農場，そし

10章　南西部の島々　　213

図20　1953年大洪水

て堤防横の家が被災した．堤防パトロールそして村とポルダーのすべての男たちが水と格闘した．一方，多くの方が寝ている間に流された．午前4時22分の電報で，浸水しなかった地域の人たちが災害をはじめて知った．8時，ラジオが国外へ災害発生を伝えた．

　この出来事から数日後に撮影された衝撃的な映像がいくつか残っている．YouTubeで，「stormramp 1953」と検索してほしい[1]．オランダ語のため何を言っているかはわからないかもしれないが，映像がすべてを物語っている．
　この災害は，1835人（さらに隣国で数百人）の命，さらに多くの人の暮らしを奪った．経済的損失も莫大であった．多くの家畜が溺死し，農場，インフラ，建築物が被害を受けた［図20］．
　スタフェニッセは最も被害が大きかった村である．153人以上，人口の約9％が一晩で亡くなった．信仰のあつい地域であり，多くの人が神の怒りの表れだと考えた．今日，スタフェニッセはチャーミングで伝統的な雰囲気を持つ広場とマリーナになっている港がある．水面からエビが群れをなしているのが見える静かで素敵な村である．オーステルスヘルデ（Oosterschelde）と呼ばれる北海の水と村を分離する大きく強固な延長20キロのダムができたおかげで，村人は現在安全を感じている．一方，村の墓地には，1953年2月1日という同じ

1）　youtube.com/watch?v=XcX5wb1k9UM

写真159　同じ日に亡くなったことが記されたゼーラントの墓地

年月日に亡くなった方々の同じ形をした墓が並んでいる［写真159］．

　この章で述べる大部分の地域はゼーラント州にある．この州のモットーは「*Luctor et emergo*（闘い，出てくる）」である．洪水が何度も襲ったことから，実際にこの州がしてきた，そしてそうせざるを得なかったことを表している．多くの島からなるこの州は，（水を介して）離れていることもあり，他の州や他国からあまり注目されてこなかった．災害時でも平時のときも多くの支援は得られなかった．1953年の大洪水のときも，高潮に対する堤防や救助システムは十分ではなかった．度重なる洪水で無力さや運命を感じ，あつい信仰心や自立志向を持つようになった．洪水はモラルの欠如に対する神の罰と考え，積極的に聖書を読み，教会に通った．実際に，ゼーラントの東の島々は，オランダのバイブルベルト（熱心な信仰が地域文化の一部になっている地域）の一部である．1960年代まで他地域との接触は少なかった．神の加護に加えて，自立，興味の追及そして信頼を大切にしている．ダムにより本土とつながるまで，本土の文化がゼーラントの島々に浸透することはなかった．多くの方言，「リング・ライディング」と呼ばれるオランダの流鏑馬(やぶさめ)［写真160］やボータバベラース（*boterbabbelaars*）というバターのお菓子など，島ごとあるいは村ごとの風習や衣装などに伝統が残っている［写真161，162］．

　1953年の災害からの復興事業で，本土と直接つながり，州は徐々に外の世界に開かれるようになった．ロッテルダム港に多くの労働力が流出するとともに，観光客が増え，ライフスタイ

10章　南西部の島々　　215

写真160　オランダの流鏑馬「リング・ライディング」は今でもゼーランドのイベントで行われている

写真161　古い墓所．ゼーラントの伝統的衣装がわかる

写真162　静かなニーセ村

ルの現代化が進んだ．とはいっても，ゼーラントは依然として独自性を有している．古い文化も残り，それが多くの観光客をひきつけている．

　1953年の大洪水は被災地だけでなくオランダ全土に影響を与えた．皮肉なことに，災害が起きる数日前，オランダのすべての水事業を管轄する公共事業局は，4章で述べたように，この地域の安全性を高めるため，ゾイデル海の事業に続き，ゼーラントの島々を結ぶダム建設計画を発表した．この計画は，洪水後すぐに最優先事業となった．当初「デルタ計画」後に「デルタワークス」と呼ばれる巨大公共事業を行う法律が議会を通過した．当初，完成まで25年，10億ユーロ弱の費用が見込まれていたが，実際には，約2倍の期間と何倍もの費用を要した．デルタワークスは，この国の安全性を高めるともに，事業を通じて専門的知見が蓄積した．水ビジネスは海外に輸出する技術の1つになっており，費用回収に寄与している．1990年代，デルタワークスが完了したとき，アメリカ土木学会（ASCE）からエンジニアリングの世界7大事業の1つに選ばれた．

ケーソン

　デルタワークスのほとんどのダムでケーソンが使われた．ケーソンとは，水中あるいは地下構造物を構築する際に用いられるコンクリートまたは鋼製の大型の中空の箱のことをいう．ニューヨークのブリックリン橋で最初に使われたが，このオランダの事業でも大活躍し

図21　デルタワークス (1953-1998)

1　ホランセ・アイセル川高潮堤
2　フィアセハダムとザンドクレークダム
3　フェーフェリンゲンダム
4　ブリューセ・ハダム
5　フォクレクダム
6　ハーリンフリートダム
7　ブラウワースダム
8　オースタダム
9　フィリップスダム
10　オーステルスヘルデキーリング
11　マエスラントキーリング
12　ハーテルキーリング

た．巨大な構造物であり，デルタワークスで用いられた水門用のケーソンは7階建ての建物に相当する大きさであった[2]．

デルタワークスの地図を［図21］に示す．あわせてこれらすべての島において堤防のかさ上げと強化が行われている．

まず比較的簡単な事業からはじまった．海岸線から遠く離れた2次的なダムの建設であり，その後に続くより大きな高潮対策ダム事業の実験的な意味合いをもっていた．先に述べたように，1953年，奇跡的に洪水被害から守ったロッテルダムの東のクリンペン（Krimpen）で，アイセル川に堤（高潮を防ぐ壁）がつくられた［図21の1］．ここは洪水時の弱点とされた場所であり，優先度が高かった．平常時は，堤の下を船が航行できるが，いざというときは，短時間で壁ができる［写真163］．（1997年，8章で紹介したマースラントケーリンク（Maeslantkering）が下流にできて以降，この役割は低下した）．

次に，いくつかの小さいダムがつくられた［図21の2］．河口部をふさぐ一方で，州都ミデルブルグを含むゼーラント州中心部の3つの島がつながった．続いて1958年，ケーソンとは異なる技術を用いて大きな2次的なダムがつくられた．まず2つの島をケーブルでつなぎ，ゴン

2）　出典：The Delta Project–Preserving the environment and securing Zeeland against flooding.

写真163　クリンペンにある最も古い防潮堤

ドラから計17万トンものコンクリートブロックを水中に沈めた．次にこの強固な基礎の上にダムをつくった．技術的な問題により，完成には予想以上に時間がかかった．このフェーフェリンゲン（Grevelingen）ダム［図21の3］は1965年に完成し，ダムの上には道路がつくられている．地図4，5の水域を分離するダムはケーソン技術によりつくられた．

　毎年，1月31日，国営テレビでデルタワークスの状況が放映された．当初は，この事業の進展に対しオランダ全国民から大きな関心が寄せられていたが，事業が進むにつれて，災害の記憶も徐々に薄れていき，新しいプロジェクトが完成した時も，その地域以外の人たちはそれほど関心を示さなくなった．

　しかし，1970年代，新しい2つの主要なダム建設のうちの1つ，ロッテルダムの西にあるハーリンフリートダム［図21の6］について政治的議論が起きた．ここは北海に直接面し，「オランダの主要なバルブ」と呼ばれるライン川とマース川の河口部にあたり，国土を流れる全河川の約3割の流量がある．高潮が入り込むのを防止する一方で，川からの水を海に流す必要があった．1971年から14年をかけて，河口の一部を封鎖し，延長1キロの水門を複数つくった．魚が行き来できるよう魚用の堰が追加されたがうまく機能しなかった．スイスでは鮭や他の回遊魚がライン川から姿を消した．また潮汐が小さくなり，塩分濃度が減少し（前章で紹介した）ビースボシュ（Biesbosch）地域の動植物に少なからず影響が生じ，オランダでは環境劣化が問題となった．最低限の潮の満ち引きをつくり出し，海水と淡水の交換そして魚の回遊を

写真164　ゼーラントの肥沃な土壌

維持するため，1日2回水門を部分的に開けるという政治的決定がなされた．しかし，そのフォローアップはなされなかった．2010年，ライン川流域の国々は，生態系保全のためにハーリンフリートダムの水門を常時開けることをオランダ政府に求めた．当初，オランダ政府は，防災また（海水は農地や農作物にとってマイナスであると主張する）農業の観点から反対したが，2011年に受け入れた．現在も，この防災・農業と生態的価値をめぐって国内で議論が行われている．前者は地元に住む人たちがエンジニアの支援（財政的な観点も加わって）を得て，また後者は必ずしも地元には住んでいないが広域的長期的な観点から自然を守りたいと考えるエコロジストたちが議論に加わっている［写真164］．

農地か自然地か？

次のケースも議論になった．ロッテルダムの12キロ南にティンハメーテン（Tiengemeten）という，今は誰も住んでいない土地がある．17世紀以降，堤防をつくりながら土地を拡大していき，200人ほどの住民が（村をつくらず）ばらばらに暮らしていた．しかし，現代農業への対応やインフラの維持が困難であると判断した政治家が，デルタプロジェクトにおいて，この場所を自然地とすることを決めた．

1990年代から用地買収が始まり，2007年最後の農家が土地を離れた．道路が掘り返され，農地はブルドーザーで自然地に戻された．堤防が壊されてハーリンフリートから潮汐を

写真 165　冷たい海水を好む藻類

伴う水が入り，淵が形成された．高低差のある土地には植物や木が生育した．今日，フェリーが行き来しており，わずか数十人が高台で，自然の監視や多様な自然を観察するウォーキングツアーなど小規模な観光サービスの仕事で暮らしている．バードウォッチングの適地であり，インフォメーションセンターもある．かつての住宅また農場が観光客に貸し出されており，キャンプ場もある．

1960年代後半，最も広い河口部をせき止める，長さ9キロのオーステルスヘルデの堤防[3]の準備が始まった．砂州を利用して人工のダムをつくる計画であった．急激に環境問題への関心が高まっていた時期であり，この最大規模の事業の実施にあたって新しいジレンマが生じた．オーステルスヘルデは，広大に広がる河口のちょうど中央に位置し，周りの5つの脆弱な島の安全性を確保するためには，ダムで閉鎖する必要があった．しかし，ここは生態学的にも貴重な水辺であり，北海地域のゆりかごと呼ばれ，豊かな生物多様性をもたらしている場所でもあった [写真165]．国で最もきれいな水が流れ，オランダのダイビングスポットとして最適な場所であった．さらに，近くのイェスケ（Yerseke）の町には，カキやムール貝を養殖してベルギーやフランスに輸出して高い所得を得ている人が多くいた．養殖には栄養分を多く含んだ海水が必須であった．安全性，カキ養殖そして環境保全，対立する利害をどのように調整すべきか？　オランダ議会で，おそらく水問題に関して最長の経済と環境のバランスをめぐる議論が行われた．1976年，オランダの典型的な解決方法，妥協が成立した．平時は海水の行き来があり，高潮時に閉鎖する可動式ダムという，実行可能であるが，きわめて費用のかかる解となった [図21の10]．このオーステルスヘルデキーリングは当初計画よりも何倍もの費用を要したが，環境に配慮した形になった．地元企業が工事にかかわることで，オランダ経済にも寄与すると考えられた．

頑丈な柱を一列に並べ，その間に壁を配置し，ボタン1つでその壁が上下に移動するシステムがつくられた．最初に，海底をきれいに整地し，コンクリートの基礎がつくられた．この巨

---

[3]　図21の地図を見ると，このオーステル（東）スヘルデは，東よりは北と呼ぶべきと感じるであろう．しかしこの名前は中世につけられた．かつては本土を流れる小川であったが，大洪水によって2つの広い河口が生まれ，間にヴァルヘレン島とベーフェラント（Beveland）島をつくった．現在，南側の支流はウェステルスヘルデ（Westerschelde）と呼ばれる．

大なインフラの構築のためだけに，5つのオイルタンカーのサイズの機械がつくられた．それらの機械は，終了後別の場所で使われたり売られたりせず，解体された．

　この海峡の自然の力も巨大であった．単に河口の長さが最長だけでなく，潮汐の流れも最大であり，第2位の海峡の3倍もの流量があった．また深いところは40メートルもあった．当初計画ではケーブルカーを使ってコンクリートのブロックを落として，せき止める計画であったが，平常時は開き，高潮時に閉じる（半分だけ開いた）ダムが，議会また公衆から求められた．この変更時点までに3つの人工島がつくられていた．うち1つに，ケーブルカーの駅ではなく，公共事業局の技術者が考えた新しいシステムの建設現場がつくられた．彼らは，ハーリンフリートでこの半分だけ開いたダムをつくり，運用している経験があった．その巨大版をここで適用することにした．ハーリンフリートでは1キロであったが，今回は3キロもの延長があった．金属の壁を支えるために65本の柱をつくる必要があった．そして短時間のうちに壁が閉まるコンピュータシステムが導入された．脆弱な生態系を保全するために壁は可能な限り開けておくが，高潮時には閉まる．またその波はさまざまな方向からやってくることが考慮された．この可動式高潮防潮堤を踏まえ，周辺の堤防の安全水準（デルタレベル）について再計算が行われた．この地域の浸水確率は1/4000（年）となっている[4]［写真166, 167］．

　オーステルスヘルデで作られた人工島の1つ，65本の柱が作られた「建設島」はニールチェ・ヤンス（Neeltje Jans）と呼ばれた．4年かけて，ここで65本の，その1つひとつが設置場所の状況によって異なる，巨大かつ強固なコンクリートのタワー柱が（一時は複数同時に）生産された．それぞれ30〜40メートルの高さがあり，中は空洞（沈められるときは中に砂が詰められた）であったが，1万8000トンもの重さがあった．

　先に述べた5つの巨大かつユニークな船あるいは「浮かぶ機械」の1つは，上は平らで下は地形にあわせてつくられているコンクリートの巨大なマットレスの上に，このタワーを設置するためのものであり，別の機械は，タワーを海に沈める際，その船が動かないよう固定するためにデザインされた．ぜひ実際に現地にいって自分自身の目で確かめてほしい．ニールチェ・ヤンスのインフォメーションセンターは，展覧企画，映画，本があるだけでなく，ボートツアーもある．また歩いてダムの内部を見学できるようになっている．入場料は安くないが，大人も子どもも数時間でそれ以上の価値ある体験をすることができる．neeltjejans.nlでは英語やドイツ語の情報が得られる．

ゼーラントに残るローマ人

　2000年前，ローマ人が低地の国を支配していたとき，ゼーラント地域の土地と水の比率は現在とは異なっていたが，具体的にそれを確認することは困難である．しかし，いま水面

4）オランダの海岸線における安全水準（デルタ・レベル）は地域により異なり，ワッデン海の浸水確率は1/2000（年），背後が低地の北および南ホラント州では1/10000（年）となっている．

になっている場所に，かつて人が住んでいたことが考古学により明らかにされている．あるとき，漁師がローマ時代に北海を通ってイギリスと交易をしていたときの守り神として崇拝していた地元の女神ネヘレニア（Nehalennia）の古い像を発見した．その石には祭壇の上に隣に犬を連れたネヘレニアが彫られていた．現在，女神と犬の像はヴァルヘレン島の西端の町ドンブルフ（Domburg）の砂丘の上に置かれている．17世紀，寺院の跡も見つかったが，波で再度消失した．ネヘレニアという名前の起源は，よくわかっていないが，おそらくケルト語のラテン語読みであり，オランダ語でニールチェ・ヤンス *Neetje Jans* になった［写真168］．そして，この場所で巨大プロジェクトが行われた．

　近くに，もう1つローマ人の足跡が残っている場所がある．ドンブルフの北10キロ，オーステルスヘルデにルームポッツ（*Roompot*，クリームポット）という変わった名前の中州がある．言語学者は，この変わった名前は，ローマ人の港（Romanorum Portus）からきているという．この港からイギリス・ブリタニカまで航海した可能性がある．

　1985年の可動式高潮防潮堤の完成により，デルタワークスの基本フレームができ，ゼーラントの安全性が高まった．この完成を祝う式典に，リヒテンシュタインやオーストリアを含むライン川およびマース川の流域の国々の代表が招待された．晴れて風が強い日，この巨大な堤防の上で，ベアトリクス（Beatrix）女王がテープカットを行い，堤防の完成を宣言した．各国の代表が金属の額にサインした．これにより，水の流れ，砂州，淵が変わり，既存の水システムや従来の船のルートが変更され，見事ではないが印象的な維持管理が継続されている．古い運河を拡張する形で新しい運河が掘られた．ここでは詳細に述べないが，きわめて複雑な技術が駆使されている．

　デルタワークスとは異なるもう1つのプロジェクトが，この州の中心部を通る延長5キロのゼーラント橋の建設である［写真169］．それまで陸路で行くのが不便な島が結ばれた．1965年の開通からしばらくはヨーロッパ最長の橋であり，また1993年までは有料であった．もう1つ重要な関連事業として，2003年，ウェステルスヘルデの下を通るトンネルが開通した．それまではフェリーが使われていたが，これによりベルギーやフランスとのアクセスが大きく改善された．

　ウェステルスヘルデはデルタワークスの一部になっただけではない．ベルギーの主要港であるアントワープ港への航路でもあった．ダムで水域を閉鎖しない代わりに，堤防を高くすることになったが，オランダ側の農業や環境の利害とアントワープ港の経済的利害の対立が生じた．

水没した土地

　これまで述べてきたように，オランダ人は逆干拓（一度干拓した土地を，再び水域に戻すこと）について簡単には同意しなかった．洪水に対して，通常，ポンプ排水，堤防建設と干拓という「戦う」対処法がとられてきた．しかし例外もあり，ゼーランドでは以下の3つがある．

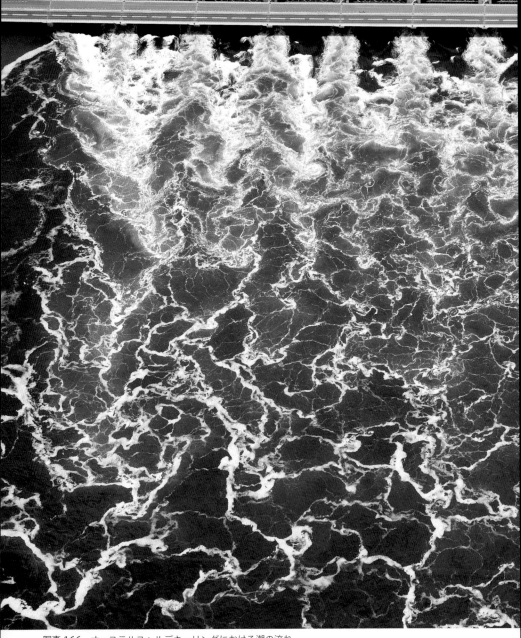

写真 166　オーステルスヘルデキーリングにおける潮の流れ

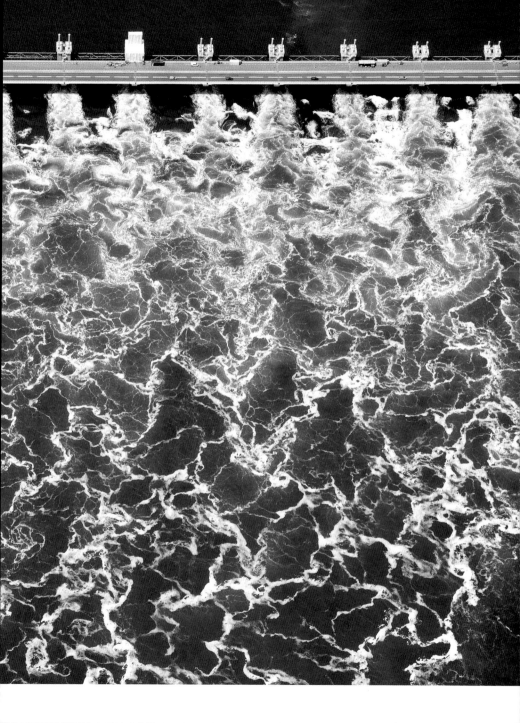

写真 167　強い海水の流れ

写真 168　ニールチェ・ヤンス

写真169　ゼーラント橋

図22　オランダは数多くの洪水に見舞われてきた

写真170　伝統的な海岸の保全

Drowned Land of Seaftinge（1570），Drowned Land of Reimerswaal（Zuid-Beveland，16世紀に徐々に浸水していった），Drowned Land of Zwartepolder（1802）．最初と最後の町は高潮により消失した［図22］．

　これら3地区はいずれも農地に適していたが，現在農業は行われていない．サーフティンフェ（Seaftinge）とズワルトポルター（Zwartepolder）は重要な自然地であり，潮汐があり豊かな生態系が保全されている．淵があり，空気で膨らんだ（歩くと泡がはじける）砂州があり，危険な流砂の場所もある．レイマスヴェル（Reimerswael）地区は，完全に浸水しているが，浅いため，引き潮の際，村や町の残骸がみられる．伝説によると，19世紀，嵐の際，「嵐が来たぞ，溺れるな」と伝えるかのように教会の鐘の音が聞こえたとのことである．レイマスヴェルは州で3番目に大きい市であり，（赤い染物に使用する）茜，塩などの産物を近隣諸国やバルト諸国と貿易する拠点都市であった．昔の通りの跡も残っている．塩の採掘は大きな富をもたらしたが，同時に土地を弱体化した．16世紀の洪水，戦争，火事などにより，堤防を維持管理することができなくなった．デルタプロジェクトでは，ロッテルダム・アントワープ間に広く深い運河をつくることになり，その場所としてここが選ばれた．直線の運河が掘られ，堤防を介してオーステルスヘルデと分離されている．残念ながら，レイマスヴェルの残骸は，厚いアスファルトの下になってしまったが，近年，この昔の名前が自治体の名称になった．

写真171　波の動き

　この地域全体は人工の自然が多く残っている［写真170, 171］。中世の地図をみると，無数の小さい島と干潟そして潮の道があったことがわかる。ウェステルスヘルデにあるヴィルペン（Wulpin）島などいくつかの島は人が住んでいた。15世紀，そこも含め多くが高潮で消失した。そのほかの小さな島は，泥を積み上げ，のちに堤防をつくって，より大きな島に統合された。

　Drowned Land of Seaftinge はゼーウス・フランデレ（Zeeuws Vlaanderen）の隣にあった。ここはこの州において一度も水没したことのない土地の一部である。そこには，今はない入り江や河口があった。この地域の中心地ブラークマン（Blaakman）にも入り江があったが，現在ベルギー領土になっている。フィリピン（Philippine）町（中世の支配者から名がついた）には港があり，ムール貝貿易の一大拠点であった。しかし，浅瀬であったため，干拓が進み，1952年ブラークマンは海と切り離された。地元のムール貝貿易商たちは失望し，堤防ダムは人気がなかった。しかしそのダムがわずか半年後の大洪水から町を守った。ムール貝貿易も，国の反対側，ワッデン海に移転して継続された。パリまで輸出され，レストランでおいしいムール貝料理が提供されている。

　ズウィン（Zwin）は海と直接つながる河口にある［写真172］。ここはベルギーとの国境にあり，デ・スリフター（De Slufter）と呼ばれるテセル島を連想させるような淵や砂州がある。ズウィンはオランダで最も西に位置する地域であり，ベルギーのゼーブリューフェ（Zeebrugge）

10章　南西部の島々　　229

写真172　ベルギーとの境界にあるズウィン地域

港やイギリスに向かう船が見える．昔，ゼーブリューフェの内陸にあるブルージュまで船が航行していた．1300年代，ブルージュは海洋港として，北西ヨーロッパの経済的中心地であった．しかしズウィンに砂が堆積し始めると状況が変わり，ブルージュは衰退していった．近くのオランダ国内の小さな町も同じ運命をたどった．小さく美しいシント・アンナ・テル・マウデ（Sint Anna ter Muiden）は，現在50人ほどしか暮らしていないが，1242年に都市権を獲得した都市[5]である．この周辺の海にはマウデ（Muiden）という名がついている．テル・マウデは「河口にある」という意味である．

　ブルージュや周辺の都市が衰退する一方，拡大していったのが，ブルージュよりずっと内陸にあるアントワープである．アントワープは，より広くて深いスヘルデ川の河口に位置することから，1500年代には，数十万人の人口をもつ主要貿易港として発展した．当時としては驚くべき人数である．アントワープには長く複雑な物語があるが，オランダのプロテスタントの人々によるスペイン・ハプスブルク家からの独立戦争が始まって以降も，アントワープはスペイン領のままであった（オーストリアのオランダと呼ばれた）．1585年，オランダ共和国が誕生すると，アントワープより下流の西スヘルデ川の両岸はオランダ領土になった．

---

[5] 世界最小の都市といえるが，フリースラントにあるスローテン（Sloten）はそれに異議を唱えるであろう．

オランダとベルギーの摩擦

オランダ共和国が独立すると，多くのプロテスタントやユダヤの商人たちは，スキルとヨーロッパとのビジネスネットワークを保持したまま，アムステルダムに転居した．これがアムステルダムの国際的地位と富を高め，相対的にアントワープは弱体化した．アントワープが再び繁栄し始めるのは19世紀に入ってからである．オランダがフランダース地方に不快な思いをさせたことは，ベルギーが独立した後もずっと記憶に残っている．アントワープから海に出るためには，オランダの水域を通ることになるため，国が分離した際（ベルギーは1830年，オランダは1839年とされている），アクセスの自由が重要な論点となった．19世紀，何度も政治的緊張が高まった．オランダが中立を宣言した第1次世界大戦でドイツがベルギーを占領した際はさらに大きな問題となった．

今でも，このベルギーの主要港は，海へのアクセスについてオランダの協力が不可欠であり，船舶のナビゲーションの費用負担や環境対策をめぐって対立が生じている．大型船の航行のため，2005年オランダ政府は，世界で最も頻繁に船が行き来する西スヘルデ川をより深くすることに同意した．EUからの要請もあり，この事業による避けられない環境影響に対して，オランダ領土にある川の片側の2つの小さなポルダー干拓地を自然地に戻そうということになった．しかし，土地を海に戻すことに対して反対運動が生じた．2つのポルダーの農家およびゼーラントの人々が「先祖が必至の思いで陸地にしたオランダの領土[6]を犠牲にするな！」と主張した．生態学者や経済学者も入って2国間の外交交渉が行われ，川の掘削は行うが，ポルダー干拓地を海に戻すのではない代替措置がとられることになった（しかし，論争は続いている）．この環境影響への補償とは別に，何人かのエンジニアは，河川を深くすると高潮のリスクが高まると指摘している．デルタで暮らしていくことは容易ではない．

アントワープの他にもゼーラントには港がいくつかある．中でもフリシンゲン（Vlissingen）は最も古い港湾都市である．1585年から1616年まではイギリスがオランダ独立の軍事サポート拠点としたため，Flushingという英語の名前もある．フリシンゲンには海軍の基地がおかれていた．オランダ第3の港であり，イギリスに向かうフェリーも就航している．河川の掘削に関連して，ボルセレ（Borssele）には原子力発電所がある．第1号機の隣に2号機さらにベルギーのドール（Doel）にもう1機がつくられる計画があるが，2011年の日本の津波による原子力災害をうけて，さらなる堤防強化を行うことが決まっている．

フリシンゲンと世界　[写真173, 174]

フリシンゲン港は戦時中，（オランダ共和国に雇用されて）敵の船から略奪をする海の乗っ取

---

[6] ヘットウィーフェ（Hedwige）ポルダーであり，Drowned Land of Saeftinge の一部であるが，水没したのちに再び干拓された場所である．

り屋の拠点であった．最初の敵は，スペイン，次はイギリスであった．地中海やカリブ海までいって活動していた．この「合法化された強盗団」は19世紀末に廃止された．フリシンゲンはまた西アフリカからアメリカへの奴隷貿易のゼーラントにおける拠点でもあった．スリナムでプランテーションを経営する会社もあったが，そこは大西洋の反対側であり，20世紀になっても奴隷の子孫はゼーラントの方言と西アフリカの言葉が混ざったピジン語を話していた．またフリシンゲンは，オランダで最も有名な海のヒーロー，ミヒール・ド・ラウター（Michel de Ruyter）の出身地でもある．彼は，スペイン艦隊，オスマントルコ，北アフリカの海賊そしてイギリスと闘って，オランダ共和国を守った人物である．彼の像はフリシンゲンの大通りだけでなく，東ハンガリーのデブレツェン（Debrecen）にもある．1676年の地中海遠征においてド・ラウターは，カトリックのハプスブルク皇帝からスペインのガレー船に乗ることを命じられたハンガリーのカルヴァン派の宣教師たちを解放した．

最後に，フリシンゲンの対岸にあるブレスケンス（Breskens）とテルナウザ（Terneuzen）という小さな港について紹介する．前者は釣り船とセーリング，後者は近くの化学産業の拠点となっている．
　これで北から南までの水の旅を終える．最後の章は，オランダの水管理の未来と国際的な影響について述べる．

写真 173　フリシンゲン

写真 174　スヘルデ川沿いの高層ビル群（フリシンゲン）

11章
未来

　これまでの章で何度も述べてきたように，気候変動はオランダの緻密な水システムのあらゆる側面に重大な影響を及ぼす．懐疑的な人もいるが，多くのオランダ人は危惧しており，公共事業局の技術者も気候変動を重要な問題であると考えている．氷床や氷河の溶解による海面上昇，降雨量や異常気象の増加は，低い土地にある国にとって深刻なリスクとなる．さらに，オランダ西部の土地は氷河期以降いまだに土地が沈下し続けている．水管理者は，こうした状況に対応すべく川沿いおよび海沿いの堤防の弱い個所を特定している．1997年，ウィリアム・アレクサンダー（Willem-Alexander）皇太子自身も水委員会のメンバーになった．そして今日では国王として積極的に国内外の水問題にかかわっている．

　オランダ政府は，貧困問題そして低い土地の国々における安全性の確保について，国内外で科学研究や政治討論を促すとともに実践的な支援を行っている（詳細は後述）．いくつかの機関ではこうした取組みの効果を検証している．国土交通環境省（the Ministry of Infrastructure and the Environment）の下部組織である公共事業局は，国家水環境計画（The National Water Plan），デルタプログラム（the Delta Program），河川研究オランダセンター（Center for River Studies）といったさまざまな政策や組織[1]を所管している．これらの組織は，水や水に関連するあらゆる要因について注意深く監視し，制御を行っている．具体的な災害予測計画，緊急時シミュレーションなどさまざまな活動を通じて，あらゆる災難や変動に対応できるよう取組みが進められている．「水とともに生きるオランダ（Nederland leeft met water）」というタイトルのキャンペーンでは，地域また個人がより積極的に水問題の解決に貢献するよう働きかけている．そうはいっても，多くのオランダ人は自国の水管理システムを強く信頼しており，あらゆる問題への社会的関心は小さい．またメディアも諸外国の洪水を他人事のように報じている［写真175, 176］．

　その一方で，対応や警戒のためにさまざまな対策が講じられている．ゼーラントとアイセル湖での巨大なプロジェクトに加えて，小規模な対策も講じられている．海岸および河川双方の堤防が強化（高く）されるともに，毎年冬の嵐のあと砂を補充して海岸砂丘を修復している［写

---

[1] この組織についての詳細リストは次のウェブサイト（英語）に掲載されている．
helpdeskwater.nl/algemene-onderdelen/serviceblok/english/waterlinks/

写真 175　嵐でも折れない傘（Senz）

写真 176　海岸堤防

写真177　養浜

真177］．河川沿いの土地や農家は土地をかさ上げして家を建てる．家の周りは水位が高いときには水を溜める場所となる．このテルプという独特の取組みはアゼルバイジャンの影響を受けている．定期的に見直されている計画やプロジェクトもある．例えば，高度専門技術者がオランダ全土を複雑なコンピュータシステムで監視することによる水委員会の統合など．このようにさまざまな海面上昇への対策が講じられている．オランダは二酸化炭素の削減，とりわけ貧しい国の削減目標達成に向けた支援にも積極的である．環境問題についてもう1つ懸念されるのは，工場や人口増加による汚染である．これはオランダのみならず他のヨーロッパ各国でも深刻な問題になっている．

　いくつかのオランダ企業や科学機関が共同で，最先端の環境に優しい技術開発を行っている．例えば，潮力，波動，温度差や塩分濃度差といった持続可能なブルーエネルギーの開発など．より少ないエネルギーで浄化できる地中深層での水質浄化の研究も行われており，表層水ではなく工業排水を使った実験が行われている．膜フィルターによる排水浄化では，完全にきれいな水に戻すだけでなく，バイオエネルギーとして使われるリン酸塩やメタンのような貴重なミネラル（鉱物質）の抽出の研究も行われている．さらに水を貯水するための新技術，いわゆる屋上緑化や地下貯留，河床の拡張などについても研究されている．

締切り大堤防の新しい計画

　ゾイデル海を締切ってから 75 年以上が経ち，状況やその本質が変化している中で，新しい計画が策定された．現在，農業生産の拡大はもはや優先事項ではない．また安全のための最善の解決策は，可能な限り高い強度をもつ完全に閉じきった堤防を作ることではない．自然や環境そして持続的な代替エネルギーなど新しい技術や価値観に基づき，締切り大堤防をどうすべきかについて新しい計画が検討された．ある技術者は，これまで使われてこなかった水域を，ワッデン海の自然条件そのものである砂州やくぼみのある生態的な楽園として，またレクリエーションの楽園へと変えるべく，新しいワッデンを締切り大堤防の隣につくる計画を提案した．公式の世論調査では，この計画が最も人気が高かった．他の案には，生物多様性，持続可能エネルギーもしくはレクリエーションの場として，海水と淡水のゆるやかな変化をつくりだし，国家予算で潮力および風力発電施設をつくるといった提案があった．技術的に最も難しいアイデア（現存する締切り大堤防の天端面に曲面のコンクリート壁をつくる）は，最も人気がなかった．しかし，最終的には，インターネットで少数派の意見（例えば，すべての案は実現性に乏しくお金のムダ，ただ堤防を高くするだけなど）が勝った．2011 年 6 月，赤字財政下で，検討委員会は最小限かつ面白みのない解決策を選んだ．それは，表面に草が育つアスファルトコンクリートで覆って堤防を強化するというものであった．

　内陸の水についても新しい提案が行われている．これまでみてきたように，川が越流しても甚大な被害が出ないよう，また堤防への負荷を減らすために，川の氾濫原にある建築物を撤去し，土地を自然に返すという安全と生態学的価値の双方を高める取組みが行われている．緑地（樹林や湿地）は市街地や農地と比べて雨水をより多く溜めて保持することができるため，これは賢い政策だと考えられている．ヨーロッパ全体の農業の観点から，賛成（生産過剰）・反対（食の安全保障が必要）双方の意見がある．ゼーラント州では，アントワープ港の拡充とあわせてポルターをなくす（de-poldered）事例がある．他にも，海岸から離れたアムステルダムとハールレムの間のスパールンウォード（Spaarnwoude）の成熟した森や，ハーグとハウダの間のベントウォード（Bentwoud）の森林整備の事例もある．こうした「新しい」自然は，水を溜めるだけでなく，人口密度の高い国においてレクリエーションの場そして自然保護を求める国民の需要を満たしている．しかしながら，問題も残っている．先祖が苦闘して創り上げた昔ながらの「文化的景観」が失われると，地元の農家らが反対している．また鳥や植物による典型的な生態系が育まれている元々の水路や草原をよいと考え，人工的な森やゴルフコースによって囲いこまれた柳が列植された堤防道路に嫌悪感を抱いている反対派もいる．一方で，このようなポルターの土地もオリジナルではなく，12 世紀からの人の介入の結果であると指摘する人もいる．これまでのところ，開発者が勝っているが，終わりなき議論や討論をするという一般的なオランダ人の気質により，今でも議論が続いている．

写真178　ロッテルダムの水を貯留するスポーツ施設

水の広場 [写真178]

　2011年, ロッテルダムで,「水の広場 (*waterplein*)」とよばれる, 豪雨時, 排水が可能となるまでの間, 余剰水を溜めることができる広場をつくる計画ができた. 普段は子どもや大人が楽しく遊ぶことができるが, 突然雨が降り出すと深いエリアが浸水する. こうした浸水は統計的には1年に30回起こりうるとされ, 1年に一度の異常気象時, すべての遊び場が水の貯留場所になる. このアイデアは, フローリアン・ボエル (Florian Boer) とマルコ・フェルミュレン (Marco Vermeulen) の2人の建築家によるもので, 彼らは都市型洪水に対して持続可能な解決策だと考えている. プロジェクトの詳細は, 010.nl/images/pdfs/737.pdf (英語) に掲載されている.

　河川や小川の自然再生に反対する人はほとんどいない——既存のコンクリートやレンガの急斜面となっている場所を軟らかい法面の水際に変えることや, 魚が上流で繁殖ができるようにする「魚用の水門 (小さな送信機により, どのように広がっているかモニタリングしている)」や, 運河化していた水路の蛇行化などがその事例であり, これまでの失敗を取り消すものである.

　もう1つの興味深い開発は歴史的な手本に戻るというものである. 例えば, 支柱の上に建てられた家 (例えば, 旧ゾイデル海に浮かぶマルケン島) やアムステルダムにあるボートハウスそして浮かぶ貯蔵室など. オランダ人は水の近くに住むことが好きだが, さらに水位が上昇した時

写真179 水に浮かぶアパート

にはどうするのだろう？　現代建築家は「浮かぶ家」を設計している［**写真179, 180**］．柱とその他の装置を使って，水位の変化にあわせて建物が垂直に動き，常に水平が維持されている．中空のコンクリート，安定化させたポリスチレンブロックあるいは発泡プラスチックが建物の基礎に使われている．オランダ人でなくともこうした「浮いた家」は魅力的な選択肢である．いくつかの地域の事例は，グーグル画像検索（オランダ語で'drijvende huizen'と入力）で見ることができる．すでに存在している事例とまだ設計段階の事例がある．

　これまでのところ，これを大規模に適用するのは経済的に見合わない．また北海の新しい空港や，ハーグの海岸に面する魅力的な海辺の郊外住宅地と新しい自然をつくりだすチューリップ形の埋立地計画などの野心的なプロジェクトも実現していない．オランダの企業がヤシノキや世界地図をかたどった有名なアラブ首長国連邦のパーム・アイランドをつくった．当然，自国でも可能なはずである．計画は刺激的で魅力的なデザインがメディアにうけた．しかし，ペルシャ湾とは大きく異なる経済・文化状況の中で，アイデア止まりとなっている．

砂エンジン（Zand motor）［**写真181, 182**］

　2011年，野心的な実験プロジェクトがハーグの南海岸で行われた．それは「砂エンジン」と呼ばれ，北海から膨大な量の砂（オリンピックの水泳プール8000杯分）を砂浜の前に堆積させるものである．フックのような形で，おおよそ1キロほど海へ突き出す．風や波，潮流に

写真180 水に浮かぶ家

より沿岸にこの砂が分配されていくと考えられており，結果として土地の安全性が強化される．実験が成功すれば，他の場所でも適用される予定である．公共事業局や他の関係者が広報しており，外国からも注目されている．

国際的な観点で述べると，オランダ人は，多くの諸外国の海の問題に政府レベルまた商業的にも積極的に関わっている．高度に専門化したデルフト工科大学は，毎年1000人を超える留学生に水文学または水に関する科目を教育している．オランダの企業は，水管理，浚渫，埋立，土地調査，インフラストラクチャーや環境整備計画，港湾建設，空港やトンネル，海難救助など多様なサービスを世界中に提供している．香港の新しい空港の建設（1990年代）やバーレーンやサウジアラビアの道路建設（1980年代）にもかかわった．今日，港湾建設や浚渫を行うオランダの水技術は，アメリカ（ハリケーン・カトリーナの場合）からエジプト，パキスタン，バングラデシュなどにおける洪水問題の解決に利用されている．最近，オランダのエンジニアリング企業は，香港と中国本土を結ぶトンネルや韓国の防潮堤をつくっている．オランダと同じように，海面上昇に直面するモルディブのような低地の島で，オランダの技術者がコンサルタントとしてアドバイスを行っている．別のオランダの技術者は，洪水の脅威にさらされているモルディブの首都のマレ（Malé）で「浮き島」の設計を行っている．

もっと身近なところを見てみると基本は変わっていない．つまり，デルタの水は排出され続

写真181　海岸に砂を撒く

写真182　砂エンジンプロジェクト（ハーグ近郊）

け安全が保たれている．この本で述べた多くのプロジェクトは，何世代にもわたる人々がつくり上げてきた仕事である．それまでのノウハウをもとに新しい挑戦をしては失敗する，を繰り返す過程を通して，国土がつくられてきた．ほとんどの場合，失敗とわかったときにはもう手遅れである．フローニンゲン州での事例はその一例である．地下から高収益のガスを2003年まで50年間抽出した後，(地震の強度を示すリヒター・スケールで) マグニチュード3.6の地震が起こり始めた．地元住民を動揺させ，家屋にも被害が生じている．ガスの生産を減らすだけでなく，当該エリアを守る堤防を強化する必要も生じている．検証作業を通して，二重堤防を使った高い安全性を担保すること，そしてより多様な生態系や修景により自然や観光の促進を結びつけることが求められている．

この本で述べてきたあらゆる取組みがなかったら，国の3分の1は完全に水面下に消え，2000年ほど前の汽水性の水に戻り，湿性林や分厚く湿った泥炭の土地へと戻るであろう．もちろんそれは自然の多様性という観点からはよいことであり，多様な植物や鳥，小さな野生生物の安全な場となるであろう．しかし，そこで産出されるわずかなモノで暮らしていけるのは，せいぜい数千人であろう．

この本を通して，2000年以上にわたり，オランダが水とどのように調整，妥協し，各々の状況で対応してきたのかを紹介した．この水とのつきあいに終わりはない．これからも挑戦し続ける．好き嫌いにかかわらず，オランダ人は祖先が始めた生き方を強いられてきた．現代の技術を維持し，発展させるとともに新しい世代の水技術者を育てていかなければならない．そしてこのことを意識しているかいないかにかかわらず，国民はこれからもそのための費用を負担し続けなければならない．またオランダに暮らす一人ひとりが，この湿った環境や母なる自然からのあらゆる要求に対して順応し続けなければならない．こう考えると，オランダ人だけが，精巧につくられ，安全で，乾いた，豊かなデルタに住み続けることができるといえよう．

付 録
水がオランダ人の心情，芸術，言葉に及ぼす影響

水とオランダ人の性格

　アラブの文化では，水は天国あるいは調和の象徴である．オランダでは，水はより実用的で生活に影響を与えるものとして認識されている．オランダの詩や歌では，直面し乗り越えなければならない脅威として水が語られることが多い．

　プラグマティク（行動を人生の中心にすえ，思考，観念，信念は行動をリードすると同時に行動を通じて改造されるという考え方），直接的，自信過剰，困っている人を助ける，ヒエラルキーがない，礼儀知らず，現実的，妥協をいとわない，正直，礼儀作法や地位に重きを置かない．これらがオランダで暮らす外国人からみたオランダ人の特徴である[1]．

　水とつきあい続けなければならなかった土地で，この国の文化や国民の性格が形成されてきた．オランダ人は自分たちで環境を管理しようとする．権力者や聖職者など他者にゆだねるのではない．独立心が強く，自信をもっている．その背景には，洪水や堤防が壊れるときに優柔不断では生きられないことがあげられる．自分たちを信頼しており，また簡単に騙されたりしない．無意味なことはしないし，「実践的」である．足を乾いたままにしておくための努力が，オランダ人，特に海に近い州に暮らす人たちの自律，自信，実用主義の精神をつくった．何世紀も懸命に働いて，民主的自由をもつ豊かな国になった．

　この自律・自立の精神は，（4章で紹介した）水の管理組織，水委員会として制度化され，補強されている．土地および建物や家畜など財産の所有者が，当初はポルダー単位で，のちに地域単位で構成員となっている．水委員会は，オランダの民主主義の基礎であり，選挙により委員が選出される（当初は，土地を所有する男性のみが選挙権をもっていた），現存する世界最古の組織である．

　もう1つのオランダ人の特徴的な性格は，プロセスを重視し，計画し，先を読み，流れにあわせることを好むことである．海の状況にあわせて水を制御するためには，事前の計画，すべきことを注意深く考慮することが必要である．個々の農家の利害と地域全体の水バランス，先を読み調整する力が不可欠であった．これは国家の運営にも影響を及ぼしている．オランダでは，アクションを起こすまで厳密で長い議論を行うが，このことがしばしば結果を重視する外

---

[1] 拙著（2010）"Dealing with the Dutch" で，さらなるコメントやビジネスの観点からの解説を行っている．

国人をいらだたせる．代替案を議論するとき，意見は当然異なるが，トップダウンは好まないので，連携が模索される．この意思決定システムは，意見のバランスをとり，妥協する必要性と意思をもたらした．一方，異なる意見をそのままにしておく余地を残すことで，他者の意見やライフスタイルへの敬意が払われる．オランダ人はこれを「ポルターモデル」と呼び，オランダ社会の寛容さにもつながっている．こうして他者からの介入ではなく，自分の意思で物事をすすめていく．

水とオランダの芸術

　文化のもう1つの形は「芸術」である．ここにも文字通りオランダの地形が反映されている．17世紀の多くの絵画は，日々の水辺の風景，海上での戦闘や雲が描かれた．そして王族や貴族ではないオランダ共和国の堅実な生活が，芸術家たちを刺激し，金払いのよい上流階級だけでなく，手紙を書く少女，川辺で洗濯をする女性たち，遊んでいる子どもたちといった日常生活の普通の風景も多く描かれた．

　オランダの合理性や水の管理からつくられる人工的な風景もオランダの芸術に影響を与えている．直線で区画分けされカラフルな花の球根の畑は，モンドリアンを刺激し，独特のカラーの四角形を生み出した．またエッシャーは，建築不可能な構造物，無限と有限，次々に変化するパターンなど，巧みにかつ現実的に表現した．

水とオランダの言葉

　あなたは，ロッテルダムかアムステルフェーンに住んでいたり，Van Dijk あるいは Van der Plad という苗字の友達がいたりしないだろうか．またフェルメール（Vermeer）やファン・ゴッホ（Van Gogh）の絵は好きだろうか．オランダでは，dam（ダム），veen（泥炭），dijk（堤防），meer（湖）といった単語がいろいろなところで使われている．町，通りや苗字にも使われており，一般的にその前に Van（から，という意味）という前置詞がつく．

　多くの町，郊外住宅地そして苗字には，地理的な状況という背景がある．この本では，dijk, dam, gracht, sluis, veen, vilet といったオランダ語がたくさん登場するが，これらの単語の前に van をつけた Van Dijk, Van Dam, Van der Gracht, Van der Sluis, Van Veen, Van Vliet は，オランダ人の苗字になっている．これらは，政府による苗字の登録が始まる前から使われていた．町に移住してきた際，「どこからきたの？」「堤防から」「湖から」「水門から」ということで，それが苗字になった．すべて V からはじまるので，名前のリスト，例えば，電話帳では Van が除かれて並べられることも多い．

　その後，オランダの人々は英語を話す国に移住すると，より簡単で発音しやすいように名前が変化した．そのよい例は，アーティストで富豪のグロリア・ファンダービルト（Gloria Vanderbilt）一族である．彼女の祖先は，ユトレヒトの東の町，デ・ビルト（De Bilt）出身である．グロリアの遠いオランダの親戚は，今も Van de Bilt という苗字かもしれない．彼女はア

メリカに移住して，長い苗字を1つにまとめた（間にrも入った）．北アメリカ，オーストラリアやニュージーランドにも Van から始まる苗字の人も多い．彼らのふるさともオランダかもしれない．

多くの町の名前は水に関連する．アムステルダム，ロッテルダムは地理学的な名前であり，アムステル川やロッテ川のダムの，という意味である．ザーンダム，スキーダム，エダムなどダムがつく地名はオランダに20近くある．ほとんどは西の水の多い地域であり，海の高潮の影響を防止するために川につくったダムが起源である．例外もある．モニッケンダム(Monnickendam) は修道士がつくったダム，ライスヘンダム (Leidschendam)[2]は，ライデン市の近くの水位を調節するダムからきている．

町の名前には起源がある．このこと自体は世界的にユニークなわけではないが，オランダは，水と関連した地名が多いことが特徴である．多くの地名は，さらに正確に識別できるよう言葉が付加されている．例えば，スヴァルツラウス (Zwartsluis) ＝黒い水門，ヒューディフォヴァート (Heerhugowaard)＝ヒューゴ卿の低地，フォアハウト (Voorhout)＝森の前など．ズーテルメール (Zoetermeer) は「甘い湖」という意味である．奇妙に聞こえるかもしれないが，「甘い水」（オランダ語では淡水）と関連する．海水や汽水はありふれている，そして人生も甘いほうがよいということから，好ましい印象を持たれている．

水に囲まれているため，地盤が少し高く水の問題が少ない場所を表す名前もいくつかある．– berglen（山／標高），– duin（砂丘），– zand (e) もしくは sande（砂），– heuvel，– hille（丘あるいは高い砂）など．ベルフェ (Bergen)，カイクダン (Kijkduin)（砂丘を見張るという意味），ホーフェザント (Hoogezand)，カスフェフェル (Kaatsheuvel) やヒレホム (Hillegom) はこうした相対的に高いところにあることを意味する地名の例である．ただし，外国人の目から見れば十分低い土地である．

オランダ語にはたくさんの水に関連する単語があるが，ことわざも多い．'in zee gaan met Iemand' は文字通り訳せば「誰かと海に行く」ということになるが，意味は「その人と一緒に働く」ということである．他にもオランダ語を直訳すると「同じ船に乗る」「岸から溝へ」「彼は風車から一撃を受けた」という表現がある．それぞれ「同じ問題がある」「悪いことが一層悪化する」「彼は気が狂っている」という意味である．

最後に，いくつかの政治や経営者にかかわる言葉を紹介する．オランダ語では，実際の生活を，船を操縦するあるいは船長であることにたとえる．運営委員会や経営は，*bestuur*（舵をとる）という意味である．グループの中で発言力のある人は *stuurman*（舵をとる人）．船長の決定が理解しがたいとき，しばしば人々は *'er is geen peil op te trekken'* という．これは「このアイデアをどこに航行していけばよいのか（どうすればよいのか）わからない」という意味である．政治的な動きは *stromingen*（流れ）と言われる．反対の「流れ」と調整しようとする人は

---

[2] 古いスペルである「sch」は，「sh」ではなく「s」と発音する．

bruggenbouwers（橋渡し役）と呼ばれる．口頭での対立や不一致は *aanvaring*（船の衝突）という．オランダの政府組織は，しばしば *Het Schip van Staat*（国の船）と称される．あまり上品な言い方ではないが，原因に向き合うことなしに問題を解決しようとすることを，*dweilen met de kraan open*（蛇口を開けたまま掃除する）という．これは 'van de regen in de drup' という状況を引き起こす可能性がある．これは「降れば土砂降り」，悪いことがさらに悪化する，という意味である．

　こうしたことわざ表現はほかにもまだたくさんあるが，ここでオランダ語の授業を終わることにする．

索　引

注：頁は，文中に登場するすべてではなく重要な箇所のみ示す．

〈数字・アルファベット〉
1916 年の洪水 ……………………………… 150
1953 年の大洪水 ………………………… 182, 211
NAP（アムステルダム標準水位／オランダ標
　高基準点）……………………… 11, 19, 83, 137

〈ア〉
アザラシ ………………………… 101, 109, 116
岩（不足），建設材料としての岩 … 14, 128, 132
飲料水 ………………………………… 18, 33, 142
運河（都市内） … 12, 18, 21, 31, 52, 97, 124, 131, 136, 208
エビ …………………………………… 83, 214
オランダの芸術 ……………… 9, 78, 131, 246
オランダ語，水に関連する言葉や表現
　…………………………………… 10, 25, 131, 247
オランダの太陽 ……………………………… 30, 48

〈カ〉
海面上昇 ……………………………………… 235
貝殻 …………………………………………… 80
環境 ………………………… 105, 108, 204, 221, 259
木靴 ………………………………… 10, 21, 23, 44, 128
気候変動 ……………………………… 12, 18, 235, 257
逆干拓 ………………………………………… 223
牛乳 ……………………………………………… 10, 35
ケーソン …………………………………… 195, 217
下水道システム，浄化プロセス ………… 18, 143
公共事業局 …………………………………… 84, 235
洪水 ……………… 12, 18, 63, 64, 72, 91, 105, 205, 256
高層建築 ……………………………………… 57, 195

〈サ〉
砂丘 …………………………… 11, 33, 60, 77, 80, 115
自転車 ………………………………… 10, 23, 47
締切り大堤防 ……………… 48, 106, 145, 146-148
植生 ……………………………………………… 79
水泳 ……………………………………………… 53
水門 …………………………………………… 12, 19
スケート ……………………………… 48, 90, 116
セーリング ……………………………… 116, 166

〈タ〉
高い場所 ………………………………… 11, 57, 109
ダム，ダムの町 ……………… 133, 165, 177, 218
地下水 ……………………………… 18, 34, 91, 140
チューリップ ……………………… 10, 23, 78, 189
泥炭，震える泥炭，'veen'
　…………………… 12, 14, 31, 59, 67, 69, 88, 101, 181
堤防（建設・システム）
　………… 12, 14, 26, 44, 61, 65, 69, 87, 88, 106, 200, 256, 259
堤防道路 ……………………………………… 24
堤防破壊 ……………………………… 200, 213, 245
デルタ（三角州） ……………… 18, 23, 57, 197
デルタワークス ……………………………… 66, 217
テルプ（人工の小高い丘） ……………… 65, 65
電車 ………………………………………………… 9, 95
伝統 ……………………………… 81, 128, 160, 215
動物 ……………………………………… 72, 153, 171
鳥（の生態） … 9, 29, 72, 79, 101, 116, 127, 141, 171
パンパス（pampus） ……………………… 131
トンネル ……………………………………… 93, 94

〈ナ〉
農地 …………………………………7, 24, 150, 220

〈ハ〉
排水溝 …………………………9, 23, 25, 26, 38, 119
ハウスボート，浮かぶ家 ……………88, 97, 240
橋 ………………………………………12, 19, 23, 50
ハンス・ブリンカー …………………90, 133, 182
干潟ハイキング ……………………………………106
ビーチ ………………………………………………83
風車 ……………………10, 13, 23, 24, 37, 69, 124, 126
風力発電 …………………………………………119
フェリー ………………………………………48, 93
船 ………………………………7, 19, 116, 131, 166, 208
冬の気象，挑戦，スポーツ
　………………………………30, 48, 50, 81, 91, 116, 163
文化（オランダもしくは地方の）………173, 245
ポルター干拓地………………………13, 23, 40, 78, 119

〈マ〉
水委員会 …………………………12, 14, 68, 84, 245, 256
湖 ………………7, 23, 40, 60, 75, 79, 119, 124, 127, 145, 159, 182
水位調節，水管理………………………19, 65, 68, 256
木造家屋 …………………………………………128
最も低い土地 ……………………………7, 14, 64, 181

〈ヤ〉
ヤナギ ……………………………………44, 66, 119, 127
ユネスコ世界遺産 …………………………19, 40, 167

〈ラ〉
レンガ ……………………………………23, 78, 96, 119, 207
ローマ人 ……………………………………62, 75, 222

地名・場所の名前
アイセル川（IJssel river）………………………33, 145
アイセル湖（IJsselmeer）………………………76, 145
アメルスフォールト（Amersfoort）……………31, 33
アルクマール（Alkmaar）…………11, 35, 37, 119, 191
アルメレ（Almere）……………………75, 149, 173

アムステルダム（Amsterdam）……………………7,
　10, 16, 24, 77, 83, 91, 93, 95, 97, 119, 124, 131, 133, 142, 173
ウェステルスヘルデ（Westerschelde）…………94
ウルク（Urk）　かつての島…………47, 153, 166
ヴァルフェレン（Walcheren）　かつての島……92
エダム（Edam）…………………………………37, 140
エームス川（Eems river）………………32, 57, 197
エンクハウゼン（Enkhuizen）………48, 119, 149, 169
オーステルスヘルデ（Oosterschelde）………94, 214
北ホラント（州）（North Holland（province））
　………………………………10, 18, 92, 101, 126, 145
キンデルダイク（Kinderdijk）…………40, 72, 126
ザーンダム（Zaandam）　ザーン川（Zaan
　river）　ザーン地域 ……………40, 128, 130
シーダム（Schiedam）…………………………41, 177
スヘルデ川（Schelde river）……………………32, 57
スフェアマーホーン（Schermerhorn）……40, 126
スキポール（Schiphol　アムステルダム空港）
　……………………………………………………7, 186
スホクラント（Schokland）かつての島…153, 167
ゾイデル海（Zuiderzee）…………116, 119, 145, 151
デルフト（Delft）…………………………10, 77, 194
デン・ヘルダー（Den Helder）…77, 83, 116, 119, 191
ドンブルフ（Domburg）…………………………79
ドルドレヒト（Dordrecht）………34, 72, 173, 198
ハーグ（The Hague）……10, 16, 62, 77, 78, 91, 173, 179
ハールレム（Haarlem）……10, 77, 78, 79, 90, 132, 173
ハールレム湖ポルター（Haarlemmermeer polder）……………………………………………………185
ハウダ（Gouda）………………………14, 37, 176
ビースボシュ（Biesbosch）…………34, 72, 204
フォレンダム（Volendam）……………47, 145, 161
フリシンゲン（Vlissingen）……………………231
フリースラント州（Friesland province）
　………………………………28, 101, 108, 116, 145
フレヴォ湖（Flevo lake）………………………63, 101
フレヴォラント州（Flevoland province）
　………………………………………………24, 75, 153
フローニンゲン（Groningen）…14, 44, 101, 106, 108
ベームスター（Beemster）……………………124
マース川（Maas, Meuse river）…………31, 57, 197

マルケン（Marken）……………47, 145, 163
南ホラント州（Zuid Holland province）
　………………………………………10, 18, 176
ライデン（Leiden）………………10, 37, 62
ライン川（Rijn, Rhine river）………12, 31, 57, 62, 197
ランドスタット（Randstad），グリーンハート
　（Groene Hart）………………79, 101, 173, 176

レリスタット（Lelystad）……………48, 149, 153
ロッテルダム（Rotterdam）
　…10, 14, 34, 62, 64, 77, 87, 93, 132, 173, 177, 195, 197, 239
ユトレヒト（Utrecht）………………53, 77, 91, 173
ワッデン海（Waddenzee）………19, 80, 91, 101, 108, 145

訳者解説1
オランダの公園デザインと水 風景式庭園からインフラへ

　オランダにおける公園や緑地のデザインは，主にイギリス風景式庭園の影響を強く受け，他の諸都市同様，都市の拡張とともに大規模な緑地が整備されてきた．近年は，緑地に洪水抑制や水質浄化，上水化といったインフラ機能が求められるようになり，オランダ独自の公園デザインが現れている．

オランダにおける公園
　オランダの歴史の中で公園が登場するのは1880年ごろである．都市部の大規模なレクリエーション需要に応えるべく，地方自治体による大きな公園が計画された．干拓地を利用したアムステルダムのフォンデル公園[写真A1-1]，城壁跡地を利用したレーワルデン都市公園(Stadspark Leeuwarden)などがこの時期につくられた．その後，アムステルダムの人口が急増して都市が拡張した際，自然とレクリエーションが融合した大規模公園としてアムステルダム・ボス（アムステルダムの森）が計画された．公園の中に森林や牧場などが盛り込まれている．いずれもイギリス風景式庭園にならってつくられたものである．

インフラ化する公園
　都市化の流れの中で都市部や郊外に多くの公園がつくられたが，世界の他の諸都市同様に都市が成熟していく過程の中で，脱工業化の流れを受け，再開発とともに新たな公園が生み出された．その中でもとりわけ有名な公園がアムステルダム西部都市ガス工場公園（Westergasfabriek Park）である[写真A1-2]．アムステルダム西部に位置するガス工場の跡地を利用した大規模な公園で，汚染された土壌や水質を植物により浄化を図るファイトリメディエーション技術が取り入れられている．またこの他のプロジェクトに，異常気象による都市洪水の増加から豪雨時に雨水を一時貯留するこ

写真A1-1　フォンデル公園　　大野撮影

写真A1-2　西部都市ガス工場公園　　大野撮影

とのできる公園なども現れてきた．このように公園はレクリエーションや自然保護的な観点に加えインフラの一部を代替する機能が付加され，新たな都市での役割を獲得している．

雨水の上水化と公園

このように公園もインフラの一部の機能を担うようになった時代の中で，最もオランダらしい公園が，雨水上水化施設の一部としての公園であるザイスト取水公園だ［写真A1-3］．訳者（大野）はオランダの設計事務所に一時期所属する機会を得たが，その事務所での最初のプロジェクトがユトレヒト郊外のザイスト市に建設した公園である．この公園では，降った雨を集め，その雨を砂層である地面に自然浸透させ（この時点ですでにある程度浄化されている），不透水層に溜まった水をくみ上げ，さらに浄化した水を地域の水道

写真A1-3　ザイスト取水公園　　大野撮影

水にしている．公園に併設されている水道施設は小規模なもので，地域に降った雨を地域で消費するという地域で完結した小規模水道になっている．日本にはない雨水を利用した小規模水道システムというだけで魅力的な施設であるが，こうした水道施設の一部が公園化していることに何より驚いた．

本書で再三述べられているように水と綿密な付き合いをしてきたオランダであるが，直接飲める水は少なかった．山はなく，国際河川である川の水は汚染され，海沿いは限りなく塩水である．一時期はドイツから水を買っていたほど飲料水が不足していたが，雨水を利用した水道が発達して国内でも水道水が十分に得られるようになった．主に沿岸の砂丘には，こうした雨水を涵養し砂丘で浄化して水道水とするシステムがみられる［写真A1-4］．驚くのはこうした水道システムとなっている砂丘は，水道施設であるとともにレクリエーション施設として広く一

般に利用されていることである．

　訳者が担当した公園も砂丘と同様に水道施設でありながら，その上部はレクリエーションの場としての公園として利用を図るというものであった．公園の周囲にはある一定の範囲において，雨水の涵養およびボーリング規制エリアが設定されている．公園の周りは住宅地であるため，建築行為や農薬などの使い方が制限されており，宅地利用されながらも水質が維持できるようルールが設定されている．設計の途中段階では，何度かワークショップが開催され，住民だけではなく，設計事務所，行政，周辺の住宅開発担当者，水道会社など対象地に関わる多種多様な立場の人が参加していた［**写真A1-5**］．上水化施設という比較的センシティブな施設でありながら公園という形で地域のコミュニティの場として開放できているのは，柔軟性の高い水道施設であるということもあるが，地域の施設として議論を重ね，地域コミュニティと行政や関係機関が連携を図ったことで，新しいインフラとしての公園が誕生したのであろう．

　　　　大 野　暁 彦

写真A1-4　水道水を生みだす砂丘　　大野撮影

写真A1-5　ワークショップの様子　　大野撮影

訳者解説 2
オランダの水管理　3つのキーワーズ

　オランダ政府の国家水計画（2016-2020）では，自然空間の拡張による洪水管理や雨水を貯める機能をもった都市再開発など「人々が常に水を意識することができる空間デザイン」の重要性が指摘されている（Ministry of Infrastructure and the Environment and Ministry of Economic Affairs (MIE and MEA), 2015）．
　わずか半年だけであるが，訳者（谷下）がオランダに滞在して学んだオランダの水管理のキーワードは以下の3つである．
1. Water board（水委員会）
2. Building with Nature（自然を生かした建設）
3. Dynamic Cost Benefit Analysis（動的費用便益分析）

ここでは，これらについて紹介する．
　Water board（水委員会）については本書においても随所で，また長坂寿久ほか（2005）「合意の水位」（「水の文化」19号）などでも紹介されているため，詳しく述べないが，受益の大きさに応じた負担，汚染者負担，費用回収（ゼロ利潤），全員合意という4原則により運営され，利害関係者は「口も出すが，金も出す」自治の原則が確立していることが重要である．
　Building with Nature（自然を生かした建設）も，本書の11章や付録で紹介されている．建設の際，単に生物多様性に配慮するということではなく，防災（Ecosystem based disaster risk reduction）そしてレクリエーション・観光など生活の質の向上（Better quality of life）のために自然の力を生かそうという考え方である．生き物たちの休息場所にするとともに，防災やレクリエーションの空間として活用するため，海の中の砂を人工的に浚渫した砂浜の形成，洪水時に浸水させる農地を伴う河川の改修，牡蠣を育てながら干潟を守るプロジェクトなどが行われている．
　Dynamic Cost Benefit Analysis（動的費用便益分析）は，公共事業評価にかかわる専門用語であるが，一般の方にはあまりなじみがないと思われるので，少し詳しく説明する．費用便益分析は，公共事業（あるいは規制）に要する費用とその事業（規制）から得られる便益（効果を金銭に換算したもの）を推計し，その結果により実施の可否，規模や公的資金の配分を決める方法である．日本でも導入されているが，「いま」どうするかを扱う「静的」費用便益分析が行われている．また単純化のため，便益や費用はプロジェクト期間を通じて一定であるといった仮定がおかれることも多い．
　オランダの堤防高さの決定においては，時間軸を考慮した動的費用便益分析が行われている（Rijkswaterstaat, 2012）．この意思決定における便益は浸水リスク×浸水時の被害額（の和）とし

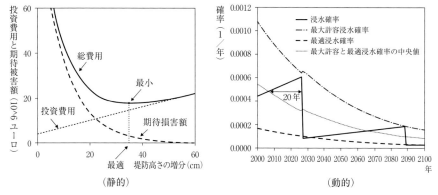

図 A2-1　静的費用便益分析から動的費用便益分析へ

ての期待浸水被害額，費用は堤防を高くするための建設費用およびその維持管理費用となるが，堤防を高くするほど，浸水確率が低下する一方で建設・維持管理費用が高くなる．総費用を最小化するように最適な堤防高さを求めることができる（同時に，浸水確率および期待浸水被害額も決まる）．これがわが国でも行われている静的費用便益分析［図A2-1左］である．

しかし実際には，気候変動の影響や都市開発の進展により，浸水確率また浸水時の被害額そして建設・維持管理費用は時間とともに変化する．そのため，最適な堤防高さも時間とともに変化する．これらを考慮し，「いつ」「いかなる」堤防高さにすると，長期的な総費用（期待浸水被害額＋建設・維持管理費用）が最小になるかを計算するのが動的費用便益分析である［図A2-1右］．気候変動による平均水面の上昇や経済社会活動，建設・維持管理費用が一定の成長率で高くなるとの仮定をおくと，浸水確率が許容確率を超える時に最適な水準まで投資することを繰り返すのが最適戦略として導出される．オランダにおける推定結果は以下の通りである（Kind, 2014）．

- 現在，浸水確率 1/1250（年）となっている河川の区域では 1/2500〜1/4000 とするのが最適．1か所，1/40000 が最適という地点もある．
- 一方，現在の浸水確率が 1/2000〜1/10000（年）となっている海岸沿いでは 1/4000〜1/10000 となる．現在より高い水準にすべきところは 1 か所だけである．
- 感度分析によると，80％信頼水準では最適水準は 5 倍（例えば，1/2000 だとすると信頼区間は 1/5000〜1/1000），90％信頼水準では 10 倍の幅がある．
- 第 2 次デルタ委員会による安全水準を 10 倍にするという提案（115 億ユーロ）は必要なく，その約 1/3 の 37 億ユーロ（約 5000 億円）でよい．期待損害額は 2017 年 1 億ユーロから 2050 年に 2 億ユーロとなる．
- 導出された解をどこまで実際にあてはめるか（地域ごとの安全水準の違いはどこまで許容されるべきか，堤防かさ上げ工事をいつからどこでどう行うかなど）は論点である．

こうした不確実性も加味して，1/3000～1/100000 という基準が示されている（MIE and MEA, 2015）．

一方，日本のように今後人口減少により期待損害額が減少していくとき，この方法をそのまま適用すべきかは議論の余地がある．

参考文献

Kind, Jarl（2014）Economically efficient flood protection standards for the Netherlands, Journal of Flood Risk Management, 7, 103-117. DOI: 10.1111/jfr3.12026.

Ministry of Infrastructure and the Environment and Ministry of Economic Affairs（MIE and MEA）（2015）National Water Plan 2016-2020.

Rijkswaterstaat（2012）Flood risk and Water Management in the Netherlands.

谷下 雅義

マース川（マーストリヒト）　谷下撮影

訳者解説 3
日本の沿岸部の堤防の役割

日本の防護施設の役割の移り変わり

戦後における沿岸域の整備は 1956 年の海岸法の制定から始まる．当時，数多くの台風による高潮被害が復興過程の日本を襲っていた．なかでも 1953 年の台風 13 号では甚大な被害が生じた．海岸法制定後の 1959 年，伊勢湾台風として知られる台風 15 号では，5000 人以上の方が犠牲となった［図 A3-1］．

海岸法は防潮堤や護岸など線的施設を整備し，浸水を許さず背後地域を「防護」することを当初の目的としていた．その後，防潮堤や防波堤など人工構造物の整備が進むと，その弊害が顕著になった．なかでも防潮堤があることにより，海岸へのアクセスが悪くなり，海岸から人々の関心が薄れる，もしくは防波堤などの固定構造物により，湾内環境の悪化や周辺の砂浜の浸食が進むといった問題が生じた．そこで「線的防護」から親水性や沿岸環境に配慮した「面的防護」へと移行するとともに，1999 年「防護・環境・利用」を目的とする海岸法の改正がなされた［図 A3-2］．

図 A3-1　近年の日本の沿岸域における主な高潮・津波による死者数

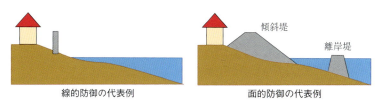

図 A3-2　線的防護と面的防御の代表例

表 A3-1　中央防災会議により示された津波に対する堤防の方針（2011）

	津波の大きさ	対策の方針
(L2) 最大クラスの津波	超長期にわたる津波堆積物調査や地殻変動の観測等をもとにして設定され，発生頻度はきわめて低いものの，発生すれば甚大な被害をもたらす津波	住民避難を柱とした総合的防災対策を構築する上で設定する津波
(L1) 発生頻度の高い津波	最大クラスの津波に比べて発生頻度は高く，津波高は低いものの大きな被害をもたらす津波	防波堤など構造物によって津波の内陸への侵入を防ぐ海岸保全施設等の建設を行う上で想定する津波

津波に対する堤防の高さの考え方の変遷

　本書でも述べられているが，オランダでは1万年に一度の確率の高潮でも越流しない方針で防潮堤が作られている．その高さは最大でも9メートル程度である．一方，日本では2011年に生じた東日本大震災時の地震による津波がさまざまな地域で想定を大きく超えるものであった．そこで現時点で考えられる科学的な根拠に基づき，将来にわたって来襲するおそれのある津波の最悪シナリオが中央防災会議から発表され，これまで考えていた以上の高さの津波が来襲する可能性があることが示された．そのような津波高さに対して，既存の堤防の高さでは背後を守れない地域も多く存在し，堤防の高さをどうするかが論点となった．国の基本的な考え方として，数十年から百数十年に一度程度の頻度で生じる津波に対する堤防を建設し，それを超える津波に対しては避難で対応することが示された［表A3-1］．これは基本原則であり，海岸管理者が地域の特性に応じて高さを設定する．例えば，観光業が主の地域であれば堤防は低いほうがよいかもしれないし，平野部で多くの人が海岸から離れて暮らしている地域では，常日頃から海を意識して暮らしているわけではないため，未来永劫超えてこないような高い堤防がよいと考えるかもしれない．堤防の高さはその地域のまちづくりと切り離せないものになっている．

これからの防護施設のあり方

　役割が変化した防護施設はこれからどうあるべきか．まず，中央防災会議でも提言されているとおり，津波が越流しても倒れにくい構造とすることが求められる．これは「粘り強い堤防」と言われる．防護施設は，越流するとその背後が洗掘され，倒れやすくなるため，洗掘されにくい構造とすることでその機能を発揮できるようになる［図A3-3］．

　堤防にはたいていの場合，堤防の海側に出るための出入り口（陸閘）がある．東日本大震災のときにも，それを閉めに行った多くの方が津波に巻き込まれ亡くなっている．そもそも四国，中部，日本海側の沿岸部では10分以内に津波が襲来する可能性も指摘されている．そのため，浮力や津波の押す力を利用して，水が到達すると自動的に浮上して閉まる陸閘が最近設

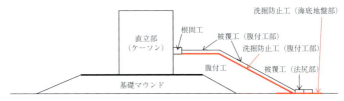

図A3-3　粘り強い防波堤のイメージ図（国土交通省，港湾局）

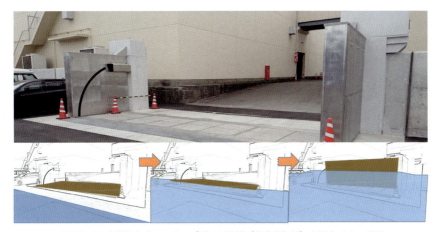

図A3-4　自動浮上式のフラップゲート陸閘（徳島県撫養）と浮上イメージ図

置されるようになっている［図A3-4］．今後，利便性や景観と防護という一見相反する機能をともに実現する堤防を開発していくことが大切である．

災害に対する粘り強いまちづくりに向けて

　防護施設の役割の変化により，今後は堤防の背後地域と一体となった計画の立案が必要になる．そのためには，考えられる最大の津波の高さをどう想定するのかという理学的な問題，施設やビルなどの構造物がどの程度の津波に耐えられるのかといった工学的な問題だけでなく，警報の出し方や避難路といった避難の問題，高台移転や被災後の早期復旧といった事前復興の問題など社会学，経済学，心理学を含め総合的に考えていかなければならない．

　また地球温暖化等の影響により，巨大な台風も生じるようになり，津波だけでなく高潮，降雨などもこれまで想定していた数値を超える状況が発生している．そのような状況に対応するため，2015年5月，水防法が改正され，自然外力からの完全防護を行うという段階からソフト対策と一体となった減災を目指すことになった．今後も，災害に対して粘り強いまちづくりのあり方を考えていく必要がある［写真A3-1, 2］．

有川　太郎

写真 A3-1　避難路の整備（高知県中土佐町）

写真 A3-2　チリ・イキケ市の町並み

文献案内　さらに学びたい方へ

　近代日本の治水はオランダ人とともに始まった．開国後，近代化を急いだ明治政府は先進的な技術や知識を有する諸外国から技師を招聘し，治水分野ではオランダ人が多く招かれた．言うまでもないが，オランダと日本は地理学的に大きく異なっている．何よりオランダは平らな土地で山はないに等しく，河川の相貌もまったく違っている．よってオランダで培われた技術がそのまま日本で使えるというわけではなかった．

　オランダ人技師ファン・ドールンがかかわった日本の近代港湾の嚆矢である野蒜築港が失敗に終わったのも，そういった背景が1つの要因としてあったと思われる．あるいはオランダ人技師がかかわり成功した工事であっても，それは地元の人々が周到に準備をしたからだと語られることもある．しかしオランダ人技師の中には日本の地誌を学び，オランダで学んだ科学的な知識と結びつけることで，日本の自然に沿うような方法を考え実行した人たちもいた．上林好之の『日本の川を甦らせた技師デ・レイケ』は単なる「お雇い外国人」では終わらなかったヨハネス・デ・レイケの書簡を通して，当時のオランダ人たちの様子を明らかにしている．この本の凄さは，その内容もさることながら，土木の知識を持つ著者がオランダ語で手紙を読解しているところにある．一次資料にあたる，それは当然のことのようでいて容易ではない．そこで表れるのが敬意というものなのだろう．

　やがて外国人技師たちは帰国し，日本人技術者たちが活躍するようになっていく．時代が進むにつれ日本の人口は急激に増え，生活スタイルが変わり，水と人との関係性もまた変化していった．進歩した技術はそれまで実現できなかったような工事を可能にし，結果的に技術で水を抑制する方向に進む．昔のような頻度で水害に見舞われるようなこともなくなってきたが，一方で地域や人と水辺の分断が生まれた．川を通して一体だった海と山もまた分断され，海岸線の浸食なども起きてきた．畠山重篤が『森は海の恋人』などの本や運動で知られるように，水源地である森林の荒廃は海をも荒らした．高橋裕は『川と国土の危機』において日本には広い視野に基づく土地に関する哲学がないと指摘し，長期的構想を提示した．

　気候変動に伴い集中豪雨は激しさを増し，水害は今も後を絶たない．一方人口が増え続けた時代は終わり，社会の高齢化は始まっている．今後大規模なインフラをどれだけ維持しうるのだろうか．もちろん地域の人々の安全は図られなければならない．

　これからのわれわれの方向性を考えるとき，過去の人々がどのように暮らしていたのかを参照することは重要である．昔，現代のような技術がないとき，人々はどのように自然とつきあい，あるいは管理してきたのか．そのような歴史を踏まえ，改めてわれわれ日本人の自然観を捉え直し，水とつきあう哲学を構築することが求められている．

日本はオランダと再会する時期に来たのではないか．明治時代のように，直接的に教えを請うわけではない．しかし，水とどのようにつきあうべきか，同じように悩んできた国の住民として学ぶべきことはたくさんあるだろう．オランダもまた水害の脅威と自然環境保護の間で揺れていた時期があったし，ダムや堤防が治水の主流でもあった．しかし，オランダでは長い多くの議論を経て一つの解法を得たようである．それがオランダなりの土地に対する哲学だろう．その経緯に関しては武田史郎『自然と対話する都市へ』に詳しい．もちろん武田も，この本の中で解説するように，オランダの方法をそのまま日本にあてはめることはできないが，しかしヒントになることはたくさんあると述べている．何よりも，簡単ではない問題を諦めずに，より良い解法を求めるために議論を重ねてきたオランダの人々の姿勢に敬意を払いたい．「オランダはオランダ人がつくった」という言葉が，より深い意味合いをもって了解されるのではないだろうか．

関連文献リスト
〈日本の水文化〉
上林好之（1999）　日本の川を甦らせた技師デ・レイケ　草思社
　　オランダの土木技師でありながら，日本の治水事業と治水技術の近代化に貢献したデ・レイケの人と人生を詳述している．
秋道智彌（1995）　なわばりの文化史――海・山・川の資源と民俗社会　小学館
菅　　豊（2005）　川は誰のものか――人と環境の民俗学　吉川弘文館
畠山重篤（2006）　森は海の恋人　文藝春秋
森下郁子（2009）　川は生きている――川の文化と科学　ウェッジ
松本健一（2009）　海岸線の歴史　ミシマ社
渡辺一夫（2011）　低地の人びとのくらし（日本の国土とくらし）　ポプラ社
髙橋　裕（2012）　川と国土の危機――水害と社会　岩波新書
西脇千瀬（2012）　幻の野蒜築港――明治初頭，東北開発の夢　藤原書店
富山和子（2013）　水の文化史　中公文庫
北見俊夫（2013）　川の文化　講談社学術文庫

〈日本の水に関する技術〉
福岡捷二（2005）　洪水の水理と河道の設計法――治水と環境の調和した川づくり　森北出版
吉川勝秀（2011）　新河川堤防学――河川堤防システムの整備と管理の実際　技報堂出版

〈オランダ（ヨーロッパ）の水〉

トーマス・マン（著），関泰祐・関楠生（翻訳）(1974) ファウスト博士 上・中・下巻 岩波書店〈岩波文庫〉
　ゲーテの戯曲「ファウスト」のモデルであるファウスト博士が，人生の最後にオランダの治水事業に身を捧げたことが記されている．

小塩節（1991） ライン河の文化史 講談社

朝永振一郎（著）江沢洋（編）(2000) 科学者の自由な楽園 岩波文庫
　オランダの物理学者（相対論で有名）ローレンツがアドリア海締切工事の一大責任者として活躍した史実とオランダ政府の政策決定の仕組みが詳述されている．

長坂寿久他（2005）「合意の水位」水の文化 19 号

㈶国土開発技術研究センター調査第一部（2008）「Water Board について」
　http://www.japanriver.or.jp/park/qa/ans_15.html （Access: 15OCT2015）

角田季美枝（2015）「オランダ水政策の変遷」公共研究，11（1），138-160

国土交通省・国土技術政策総合研究所・気候変動適用研究本部（2014）「気候変動適応策に関する研究（中間報告）」国総研資料，74

武田史郎（2016） 自然と対話する都市へ 昭和堂

〈オランダ全般〉

司馬遼太郎（1994） 街道をゆく（35）オランダ紀行 朝日文芸文庫

田口一夫（2002） ニシンが築いた国オランダ 成山堂出版

角橋徹也（2009） オランダの持続可能な国土・都市づくり――空間計画の歴史と現在 学芸出版社

あとがき

　私は，東日本大震災以降，集落コミュニティの再生支援にかかわってきた（谷下雅義（2014）「都市・地域計画学」，コロナ社）や村上俊之（2016）「三陸・広田半島の漁師が伝えたいこと（記憶の継承）」Kindle も参照していただきたい）．漁業や農業が基盤産業となっている集落の復興では，まずは住まい，生業を確保し，次に時間をかけて，外部の専門家や他の地域の人のサポートも受けながら，自分たちで自然歴史文化を再評価し，復旧を超える部分について費用の一部も負担するインフラ整備のプロセスが必要であると考えていた．しかし，実際には集落コミュニティで議論する場が形成されない，その場に次世代を担う若者や女性が参加していない，集落の意思が行政の意思に転換しない，あるいはいわゆるタテワリの壁により，（専門家もチームをつくれず）ばらばらに進む現場に何度も出会い，心を痛めていた．

　そのような中，2015 年 9 月から 2016 年 3 月までオランダに滞在する機会を得た．日本同様，これまで何度もの洪水高潮被害にあってきたオランダでは，水とどうつきあっているのかを学びたいと思った．わずか半年であったが，週末天気がよければ海岸や水辺そして町を自転車や徒歩で周った．さらに雨の日は英語の文献を探して読み，興味を持ったことには著者にメールを送り，返事が来た時には意見交換をした．

　感じたことは，まず，人工物が決して目立たないということである．土，岩そして柳や氷礫土といった自然素材が基本になっている．もちろん，デルタ計画でつくられた巨大な（可動式）防潮堤にはコンクリートやスチールも使われている．しかしそうした施設の周囲は人口密度が低く，日常的に構造物を感じるということはない．次に感じたのは，冬の風の強い日であっても，ウォータースポーツのみならず，乗馬，サイクリング，犬の散歩，子どもや仲間との散策など，実に多くの人が海辺や水辺を利用していることである．車が排除されたシティセンター，400 を超える博物館や学習施設などとあわせて自分たちの生活の場を大切にしていることがよくわかった．

　一方，英語の文献で出会ったのが本書である．東京に戻り，土木学会誌へ本書の紹介をするために著者 Jacob とのメールのやり取りしたことをきっかけに，今回翻訳して出版することができた．この出版にあたっては，著者 Jacob Vossestein，Xpat 出版社の Bert van Essen，そして研究助成をいただいた中央大学，中央大学出版部やタトル・モリ エイジェンシーにお世話になった．また内容については，西脇千瀬さん（東北大学・院生），オランダ政府観光局の中川晴恵さん，中央大学の築山修治先生，山田正先生からアドバイスをいただいた．記して謝意を

表します.

　最後にオランダ滞在のホストを引き受けてくれた Bert van Wee 教授,またその間不在にして多大な迷惑をかけた家族にも感謝します.ありがとう.

2017 年 4 月

谷下 雅義

このQRコードから,本書のURL一覧や「オランダの水政策」の資料にアクセスできる.

ライデン　谷下撮影

あとがき

【訳者紹介】

谷下　雅義（たにした　まさよし）
1967 年石川県生まれ．中央大学理工学部都市環境学科教授．
著書に『都市・地域計画学』（コロナ社）など．

有川　太郎（ありかわ　たろう）
1973 年兵庫県生まれ．中央大学理工学部都市環境学科教授．
著書に『どうする?! 巨大津波』（日本評論社）など．

大野　暁彦（おおの　あきひこ）
1984 年東京都生まれ．名古屋市立大学大学院芸術工学研究科講師
（前中央大学理工学部都市環境学科助教）．
著書に『世界の美しい庭園図鑑』（共著・エクスナレッジ）など．

オランダ　水に囲まれた暮らし　　　　中央大学学術図書（93）
2017 年 5 月 30 日　初版第 1 刷発行

編訳者　谷　下　雅　義
発行者　神　﨑　茂　治

発行所　中　央　大　学　出　版　部
郵便番号 192-0393
東京都八王子市東中野 742-1
電話 042(674)2351　FAX 042(674)2354
http://www2.chuo-u.ac.jp/up/

©Masayoshi Tanishita, 2017, Printed in Japan　　印刷・製本　㈱精興社
ISBN 978-4-8057-9210-0
本書の出版は，中央大学学術図書出版助成規程による．

＊本書の無断複写は，著作権上での例外を除き禁じられています．
　本書を複写される場合は，その都度当発行所の許諾を得てください．